まえがき

テレビに出るようになってから，道を歩くとき，声をかけられるようになった．色々質問されるけれどその中で断然多いのは「数学はどうしたら上手になれるのか？」や「家の子は算数が苦手だ．どうすれば算数が好きになれるかしら？」である．

誰かがそんな特効薬を発明すれば，きっとアッと言う間に億万長者になれるだろう．しかし特効薬がないからといって，放っておくべき問題ではない．算数・数学ができるかどうかはその人の人生に極めて大きな影響がある．中学，高校，大学の入試だけではない．長い人生に沢山ある分岐点で，自分にとって最も相応しい方向にどう進むのか？　これこそ諸情報を正しく分析できて，巧く計算できるかに依る，真に算数・数学能力が試される大切な場面である．

さて，人生を左右するこの大切な能力をどう身に付けるべきか？　国語能力や英語能力，どちらも一朝一夕に身に付く訳ではない．算数の場合も地道な努力が必要である．算数ができる子どもを調べても，彼らも最初から何でも良くできたわけではない．沢山の問題を解き，それを通して問題解決能力を培ったのである．

塾に通っただけでは問題が解けるようになることはない．ビデオだけを観てゴルフやテニスが上達しないのと同じだ．上達のために最も必要なのは，自分の力で問題を解いていくことである．それも試験と違って，慌てることなく，長い時間をかけてじっくり考えて，問題を解くのが良い．いやそれが重要なのだ．

実はすぐさまできた問題はそう永く記憶に残らない．一方「どうすれば良いのか」の試行錯誤の末，漸くできた問題はいつまで経っても鮮明に覚えているのだ．

しかも解けたことの喜びを通して少しずつ算数の苦手意識が薄れ，数学嫌いな気持ちも消えていく．結局，算数が好きか嫌いかを分ける一番の違いは，考える過程を好きになれるかどうかである．つまり「こうやって解いてみるのか」「あの方法で挑戦するのか」と，悩むことが好きになれるかどうかである．

この一冊の本はピーターが自ら考えたり，世界のあちらこちらで見付けたりした算数問題から精選したもので，「中学への算数」の『中数オリンピック』に1996年4月号から2000年3月号まで出題したものをまとめたものである（解答レポートの学年は応募当時のもの）．主な読者の対象である小学生からその祖父母まで，算数に新しい気持ちで挑戦したい皆さんに十分な悩みを与えると信じている．

この本を単に読むのではなく，その中の問題をゆっくり考えてもらいたい．一部の問題を正解するだけでも算数能力の向上に繋がるだろう！

2000年12月

ピーター・フランクル

ピーター・フランクルの算数教室

問題編目次
（解答編はp.30〜）

- Ⅰ. 整数 …………………… 4
- Ⅱ. 規則性 ………………… 7
- Ⅲ. 場合の数・確からしさ … 9
- Ⅳ. 図形 …………………… 12
- Ⅴ. 図形の分割 …………… 14
- Ⅵ. パズル ………………… 17
- ヒント …………… 22

問題編 一

（ヒントはp.22〜）

I. 整数

1 覆面算　（出題は1996年7月号．以下同じ）

```
  さ ん す う
+     と く
―――――――――
  た の し い
```

左のたし算で，'たのしい'が最大になるようなたし算を考えてください．ただし，各ひらがなはすべて異なる，0〜9の整数．

2 三角形の辺上の数の和を等しくする　（1998年12月号）

右の図の空所に，0〜9までの数字を1つずつ入れ，三角形の各辺と横線上の数字の和がどれも等しくなるようにしてください．

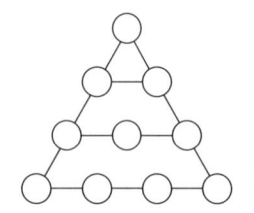

3 4×4の魔方陣　（1997年5月号）

3, 5, 7, 11, 13, 17, 19, 23, 29, 31, 37, 41, 43, 61, 67, 73 の16個の素数で4×4の魔方陣を作りなさい．

4　30の約数を交互に言うゲームでの必勝法　(2000年2月号)

2人が順番に，30の約数を交互に言うゲームをします．30を言った人が負けになります．

ただし，以前に言われた数の約数は次からは言うことができなくなります（例．10と言われたら，もう，1，2，5は言えない）．

さて，先手と後手どちらに必勝法があるでしょうか．

余裕のある人は，30以外のいくつかの数でも考えてみてね．

5　Aの約数がAの逆順の数　(2000年3月号)

5けたの整数Aがある．このAを逆から読んだ数をBとする．BがAの約数となるような5けたの整数Aを見つけて下さい．（逆から読むとは，12345なら，54321とすることです．）

ただし，AとBは異なる数で，Bも5けたの整数とします．

6　99, 999の倍数をつくる　(1996年10月号)

あいている場所に0〜9の整数を1つずつ入れて，この数を99の倍数にしてください．

$$23\bigcirc 4567\square 89$$

さらに，余裕のある人は，次の数を999の倍数にしてください．

$$1\bigcirc 234\square 567\triangle 89$$

7　37, 38, 39の倍数をつくる　(1998年1月号)

次のような条件に合う整数の中で，最も小さいものを求めなさい．

条件：37の倍数で，下2けたが37で，しかも，各けたの数字の和が37になる数

余裕のある方は，37を38，39に変えた場合についても考えてください．

8　0，1，2で9けたの平方数をつくる　（1997年7月号）

0，1，2をそれぞれ3個ずつ使って9けたの数を作る．その9けたの数がある数Nの平方数（$N×N$）になるような9けたの数とNの値を探してください．

余裕のある人は，最も大きなNの値も調べてみてください．

9　項が整数の等比数列　（1998年9月号）

$$1,\ 3,\ 9,\ 27,\ 81,\ 243,\ \cdots\cdots$$
$$\times 3\ \times 3\ \times 3\ \times 3\ \times 3$$

のように常に前の数に同じ数をかける（この例では3）という規則で並んだ数の列を「等比数列」という．また1つ1つの数のことを「項」という．

さて，すべての項が710以上1998以下の整数であるような等比数列を作る．そして，この等比数列をできるだけ長く（できるだけ項数を多く）したい．

例）　710　1420　×　　　項数2
　　　　×2　×2

　　　800　1200　1800　×　　項数3
　　　　×$\frac{3}{2}$　×$\frac{3}{2}$

最も長い等比数列を見つけてください．

余裕があれば，7100以上19980以下の整数でも考えてみてください．

10　回文数　(1998年5月号)

1234321という数のように逆から読んでも，もとの数と一致する数を回文数と呼ぶことにする．（例：54245，998899，…）

また，もとの数をひっくり返した数を裏数と呼ぶことにする．
（例：523→325，790→97，…）

さて，ある数とその裏数との和を考える．そして，その和が回文数になるまで裏数との和をとり，何回で回文数になるかを調べる．

（例：67の場合，67＋76＝143（1回），143＋341＝484 …回文数（2回））

2けたの整数（10～99）の中で，回文数になるまでの和をとる回数が最も多いのはどの整数だろうか．それとも，何回和をとっても回文数にならない整数があるのだろうか．

11　$N-1$をNの3個の約数の和で表す　(1996年12月号)

3，4，6はどれも1引いた数を，もとの数の2つの約数の和として表せる．
　　$3-1=1+1$，$4-1=1+2$，$6-1=2+3$

では，1引いた数がもとの数の3つの約数の和（同じ数を2回以上たしてもよい）として表せるものはいくつあるだろうか．考えられる数をすべて求めてください．

余裕のある人は，4つの約数の和の場合も考えてみてください．

Ⅱ．規則性

1　数の三角形　(1999年2月号)

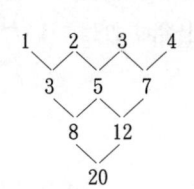

```
  1  2  3  4
   3  5  7
    8 12
     20
```

のようなものを'数の三角形'と呼ぶ．

では，上の列に0，1，2，…，9がウマイ順番に並んでいて，下の頂点には1999がある'数の三角形'を作ってみてください．

2　団子を交互に取るときの必勝法　(1998年3月号)

団子が10個ある．A君とB君は次の規則に従って団子を交互に取っていく．
① 毎回，少なくとも1個は取る
② 取れる個数は，前の人が取った個数の2倍以下
③ 1回目にすべてを取ることはできない
④ 最後の団子を取った人が勝ち

A君から取り始めるとすると，両者が最善をつくせばどちらが勝つだろうか．

また，13個，20個の時はどうか？

3　円上におかれた品物を3個ごとに取り出す　(1997年12月号)

右の図のように円上に6つの品物がある．ある品物の上から出発して反時計回りに次の規則に従って動く．

出発地点を1番目として3番目の品物を外にけとばす．けとばした品物の次の品物を1番目として，3番目の品物をまた外にけとばす．さらに移動して，また3番目の品物を外にけとばす．そうして最後に残った品物がもらえる．

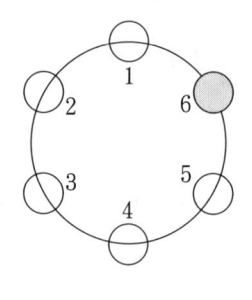

今，上の図で6番目の品物がほしいときは，この6番の品物の上から出発すればよい．けとばす品物は順に，2, 5, 3, 1, 4となり6番が残る．

数太郎君の家にサンタクロースがやってきて，プレゼントを243個，円上においた．

数太郎君のほしいプレゼントは6番目にある．

さて，上の規則に従ってプレゼントを選ぶとき，数太郎君が6番目のプレゼントをもらうためには，何番目におかれたプレゼントから出発すればいいだろうか．

Ⅲ. 場合の数・確からしさ

1　棒に浮き輪を入れる　（1999年8月号）

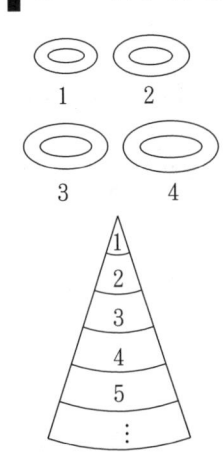

大きさのちがう浮き輪があり，小さいものから順に番号がついている．左下のような棒に浮き輪を入れると各番号の位置にちょうどその大きさの浮き輪が入る．

1～5の5個の浮き輪で輪投げをする．例えば，5番，3番が入って次に4番が入る場合もある．

この棒に浮き輪の入る入り方は何通りあるだろうか．

ただし，入った個数が同じでも，位置が違えば異なる入り方とする．また，投げる順番は関係なく，さらに，浮き輪が必ず入るとは限らない（0個の場合もある）．

（注）1番の浮き輪が入るとその上にはもう何も入れることができなくなる．

余裕のある人は，浮き輪の数を6個，7個にした場合も考えてみてください．

2　正16角形から四角形を作る　（1999年1月号）

正16角形の頂点から4つの頂点を選んで四角形を作る．ただし，作る四角形は，正16角形と共通する辺をもたないようにする．

このような四角形はいくつ作れるだろうか．ただし，回転したり，裏返したりして重なるものは1通りと考えます．

3　4組の夫婦を3つのグループに分ける　（1997年3月号）

日本人夫婦，中国人夫婦，フランス人夫婦，アメリカ人夫婦の4組の夫婦がいる．

この8人を3つのグループに分けたい．ただし，どのグループも2人以上とし，夫婦同士は同じグループに入れないことにする．グループを区別しないことにすると，8人を3グループに分ける分け方は何通りあるだろうか．

4 n 本のロープをどの 2 本も交わらないように $2 \times n$ 人で張る

（2000 年 1 月号）

円周上に $2 \times n$ 人の子供が立って，n 本のロープを持って，2 人ずつでロープを張る．ただし，どの 2 本のロープも交わってはいけない．

$n=4$，$n=5$ の場合，ロープの張り方は，何通りあるだろうか．ただし，ロープは区別しないものとする．

例えば $n=2$ の場合は，下の 2 通りある．

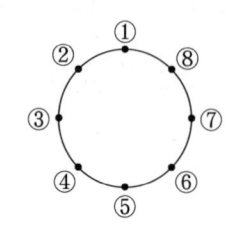

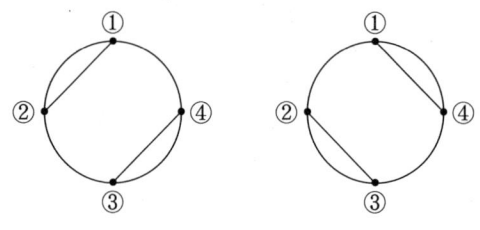

余裕のある人は，$n=6$，$n=7$，… と考えてみてください．

5 正方形型の 16 個の点から 4 点を選んで長方形を作る

（1997 年 1 月号）

右のように正方形型に 16 個の点がある．このうち 4 つの点を結んで，長方形（正方形もふくめる）は何通りできるだろうか．

余裕のある人は，平行四辺形はいくつできるかも考えてみてください．

6 　7×7の交差点で2人が出会う確からしさ　（1997年11月号）

　A君は家に，B君は学校にいます．
　今，A君は学校へ，B君はA君の家へと同時に出発します．途中の道は右の図のようにマス目状になっていて，A君，B君ともに出発時にコインを投げて，その表裏によって，どちらの方向へ進むかを決めます．また，各分岐点においても同様にコインによって進む方向を決めます． 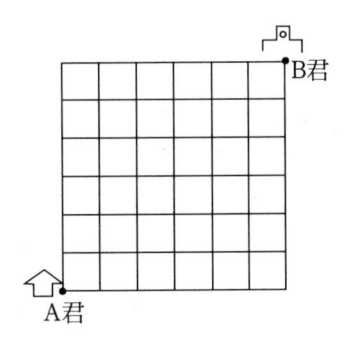
　A君，B君の歩く速さは同じで，コインの表と裏の出る確からしさも同じとします．
　さて，途中で，A君，B君が出会う確からしさは？

7 　16人のトーナメントで2人が対戦する確からしさ
（1999年3月号）

　16人のトーナメントで試合が行われる．A君，B君の2人はこのトーナメントに参加することにした．トーナメントの1～16のどこに入るかは抽選で決まる．

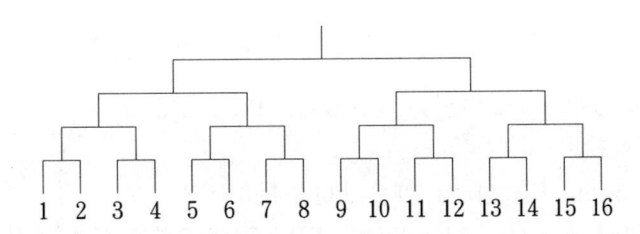

各試合で勝ち負けの確からしさは $\frac{1}{2}$ ずつとする．
　さて，このトーナメントで2人が対戦する確からしさは？

IV. 図形

1　角度を求める　（1997年4月号）

右の図で，？の角度は何度？

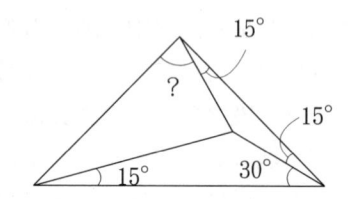

2　直角三角形に内接する最大の正方形と円の面積

（1999年4月号）

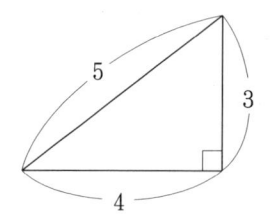

左の直角三角形の内部に，できるだけ大きな円と正方形を作る．その時の円の面積と正方形の面積をそれぞれ求めてください（円と正方形は別々に入れます）．円周率は3.14とします．

3　正方形に内接する3つの正方形の辺の長さ　（1998年7月号）

図のように，3つの正方形がある．PQとBCは平行である．

AE＝3cm，EB＝4cmの時，PQの長さは？

余裕のある人は，AE＝3cm，EB＝5cmの時のPQの長さも求めてみてください．

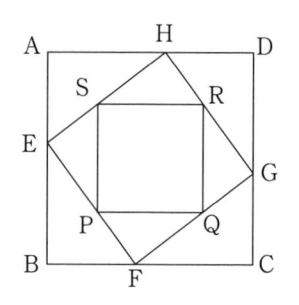

4　正方形を4本の直線で分ける　（1998年2月号）

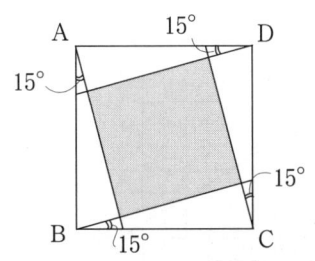

網目部分の面積は，もとの正方形 ABCD の何倍か？

5　三角形の各辺を4等分する点から六角形を作る
（1997年8月号）

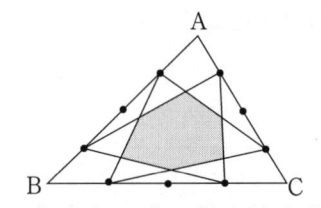

上の図のように三角形の各辺を4等分する点をとる．図のように結んで2つの三角形を作る．網目部分の六角形の面積は，もとの三角形 ABC の何倍だろうか．

6　6×10 の三角形の中の白と黒の部分の面積の差

（1997 年 10 月号）

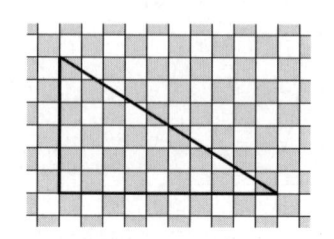

大きなチェス盤があり，このチェス盤の上に，図のように 6×10 の三角形がある．

この三角形の内部にある黒色の部分の面積と白色の部分の面積の差はいくらだろうか．また，10×12 の三角形の場合はどうだろうか．

余裕のある人は，5×7 の場合も考えてみてください．

V．図形の分割

1　2×2 の正方形から 1 個を切り取った図形 15 個で長方形を作る

（1996 年 4 月号）

を 15 個使って長方形を作ってください．

2　6×6，8×8 の正方形を 2 つに切り，10×10 の正方形を作る

（1998 年 11 月号）

6×6 の正方形と 8×8 の正方形がある．この 2 つをそれぞれ 2 つに切り，組み合わせて，10×10 の正方形を作ってください．

色々なやり方を見つけてください．

3　4×4の正方形を合同な2つの図形に分ける　（1997年6月号）

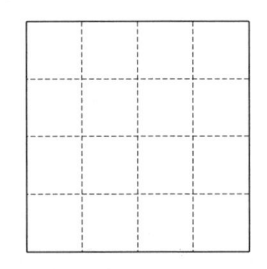

　4×4の正方形型のチョコレートがある．これを点線に沿って，同じ大きさ，同じ形の2つの部分に切り分けたい．切りとられるチョコの形は何通りあるだろうか．ただし，ひっくり返して同じになるものは1通りと考える．余裕のある人は4×6の場合も考えてみてください．

4　13×154の長方形をできるだけ少ない正方形に分ける
（1996年8月号）

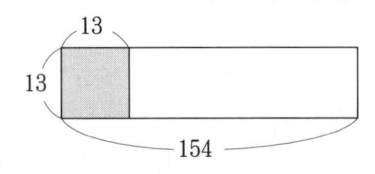

　2002年のW杯日韓共催をお祝いして，2002＝13×154にちなんだ問題．2辺の長さが13, 154の長方形をできるだけ少ない個数の正方形に分けたい．例えば，1×1の正方形2002個に分けるのは簡単だけど，上の図のように，13×13の正方形を作れば，正方形の個数はずっと少なくなる．

　様々な大きさの正方形を組み合わせて，正方形を何個まで減らせるだろうか．最も少ない個数とその分割方法を書いてくれ．

　なお，その分割が正方形の個数を最小にすることは，別に証明しなくてもいい．

5　正方形を鋭角三角形に分ける　（1998年4月号）

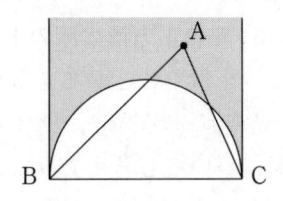

　正方形をいくつかの三角形に分割します．そのとき，すべての三角形が鋭角三角形（どの角も90°より小さい三角形）になるように分割してください．

　余裕のある人は，鋭角三角形の個数をどこまで少なくできるのか，挑戦してみてください．

　ただし，三角形ABCが鋭角三角形になるには，点AがBCを直径とする半円の外で，右図の網目部分内にあればよい．

6　2つの円と1つの半円を分ける　（1996年9月号）

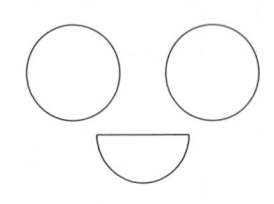

　　　　　　　　　　ケーキが2つと半分ある．このケーキを11人の子
　　　　　　　　　　供たちに，2切れずつあげることにする．どの子供も
　　　　　　　　　　同じ大きさ，同じ形のものにする（ただし，大きさと
　　　　　　　　　　形のちがう1切れずつにしてよい）には，お母さんは
　　　　　　　　　　このケーキをどのように切ればいいだろうか．
色々な切り方を見つけてくれ．

7　30×40×40の直方体を立方体に分ける　（1998年10月号）

　30×40×40の直方体のケーキが3つある．このケーキの表面は完全にチョコレートで塗ってある．この3つのケーキを，48人の生徒に平等に分けたい．平等とは，
　① 全員，10×10×10の切れを3個ずつ貰う
　② 塗ってあるチョコレートの量も等しい
の2点．
　さて，平等に分けることは可能だろうか．可能なら分け方を，不可能ならその理由を書いてください．
　余裕のある人は，30×20×40の直方体のケーキ4つの場合はどうかも調べてください．

8　6×6の正方形に1×4の長方形を敷く　（1999年9月号）

　6×6の正方形の床の上に1×4のタイルを敷く．この正方形の中に何枚のタイルを敷くことができるだろうか．また，7×7の正方形の場合はどうか．
　余裕のある人は，タイルの大きさを2×4にして，6×6，7×7の2つの正方形についても考えてみて下さい．
　もちろんタイルが重なったり，はみ出したりしてはいけない．

9　2×7×7の直方体の中に1×2×4の直方体を入れる

（1999年11月号）

　2×7×7の直方体の中に1×2×4の直方体を何個入れることができるでしょうか．また，4×5×7，3×5×7の直方体には，1×2×4の直方体はそれぞれ何個ずつ入るでしょうか．

　余裕のある人は，7×7×7の立方体の場合，1×2×4の直方体が何個入るか，調べてみてください．

VI. パズル

1　長さ1のマッチ棒12本で面積3の図形を作る（1999年12月号）

　長さ1cmのマッチ棒が12本ある．この12本のマッチ棒すべてを使って，面積3cm²の図形を作ってください．

　図形の形はどんな形でもかまいませんが，1つの輪の形に見えるようにしてください．ただし，マッチ棒が重なったり，はなれたりしてはいけません．また，マッチ棒を折ることもできません．

2　7つの立体で立方体を作る　（1999年7月号）

　次の7つの立体を使って下の図のような立方体を作れるだろうか．

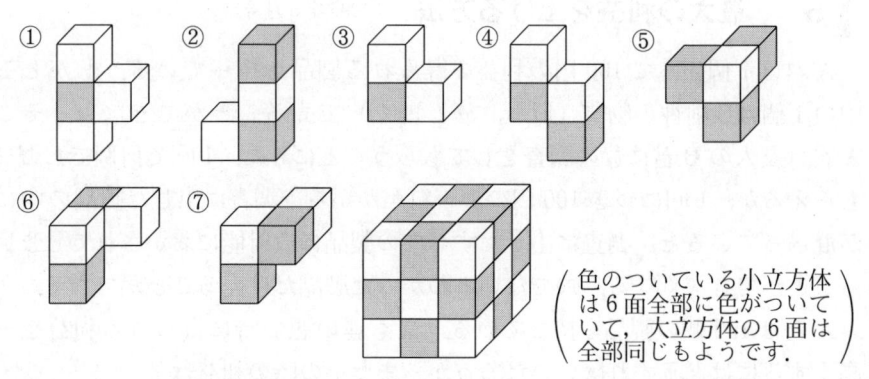

色のついている小立方体は6面全部に色がついていて，大立方体の6面は全部同じもようです．

3　8×8のマス目の中に王将を置く　（1997年2月号）

8×8の盤上に王将（○のマスに動ける）がある．次の条件で8×8の盤上に最大いくつの王将が置けるだろうか．

条件：どの王将も2つの王将に隣接していて（動けるマスに2つの王将がある），王将全体は，1つの環になっている．ただし，3つ以上の王将とは隣接していない．

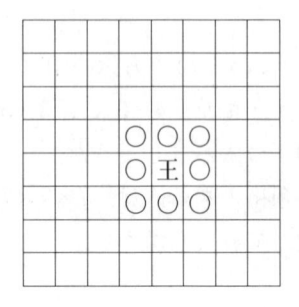

4　9×9のマス目の中に警備員を置く　（1999年5月号）

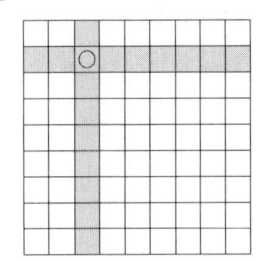

9×9の正方形がある．この81マスの中に警備員を配置する．

各警備員は左のようにたてと横のマスを見ることができる．

次の規則に従ってできるだけ多くの警備員を配置して下さい．

規則　各警備員は見える範囲の中に2人以上の警備員がいてはいけない

余裕のある人は，立方体で5×5×5の場合も考えてみて下さい．

5　最大の利益を上げる方法　（1996年5月号）

A君は1個売って100円の利益を得られる製品を持っている．しかしその中の1個は放射性の物質（以下，㊙と書く）で売ることができない．そこでA君は友人のB君に㊙の調査をしてもらうことにした．1回で何個でも調べてもらえるが，1回につき100円の調査料がかかる．調査に出した製品の中に㊙が混ざっていると，調査に出したすべての製品は放射能におかされてしまい売ることができなくなる．㊙でないとわかった製品だけ売ることができる．

A君は100個の製品を持っている．最も運の悪い時に得られる利益を一番高くするにはどうすればいいだろうか．またその時の利益は？

6　品物の強度を調べる実験　(1999年6月号)

　ある品物の強度を調べるため，右のようなはしごの上から品物を落とす実験をする．そして品物がこわれない最大の段をさがす．実験用の品物が1個だけの時には1段目から順に1段ずつ実験するしかない．なぜなら，たとえば最初に2段目から実験して品物がこわれた場合，1段目から品物を落としたらこわれるかどうか判断できないから．
　実験用の品物が2個あるとき，どの段まで確実に調べることができるだろうか．
　ただし，実験は10回までしかできない．
　余裕のある人は，品物を，3個，4個にした場合も考えてみてください．

7　6枚のコインの重さを天びんを3回使って決める　(1998年8月号)

　6枚のコインがある．重さは，8g, 9g, 9g, 10g, 10g, 10g だが，どのコインがどの重さなのかはわからない．そこで天秤を使って，3枚ずつ2つに分けて計ったところ，つり合った．あと3回天秤を使って各コインの重さを決めるにはどのような計り方をすればいいだろうか．
　余裕のある人は，最初につり合わなかった場合も考えてみてください．

8　天びんを3回使って決まった量の塩を取り出す　(1997年9月号)

　天びんと 2g の重りが1個，そして ag の塩がある（a はある決まった数で，整数）．この塩を 1g, 2g, 3g, … と 1g 単位で ag までのどの重さでも，それぞれ天びんを3回使えば取り出せるようにしたい．a はどこまで大きくできるだろうか．ちなみに，1回での天びんの使い方は次の3通りがある．
　1　一方に 2g の重りをのせて，2g の塩を取り出すこと
　2　一方に 2g の重りと塩，もう一方に塩だけをのせて，差が 2g の塩2つを取り出すこと
　3　重りを使わずに，ある量の塩を2等分すること

9　井戸の水をくみ出す最短の時間　(1999年10月号)

ぴー君とたー君の2人は、20 l の容器を水で一杯(いっぱい)にしようと考えました。水は歩いて片道1分の井戸から運びます。井戸の水は1分間に1 l ずつくむことができます。

ぴー君は2 l、たー君は1 l の容器をもっています。

さて、ぴー君とたー君は最低何分で20 l の容器を一杯にできるでしょうか。

ただし、容器から容器への水のうつしかえには時間はかからないものとします。

10　サッカーの3チームのキャプテンの主張　(1996年11月号)

A君、B君、C君の3人はそれぞれサッカーチームのキャプテンです。このA、B、Cの3チームが同じ数だけ試合をした。

　（例：A－B 10試合、A－C 10試合、B－C 10試合）

そして、A君、B君、C君の3人は次のようなことを言っている。

A君：僕のチームが優勝だ（勝ち点がどのチームよりも多い）。

B君：僕のチームが勝った試合数がどのチームよりも多い。

C君：僕のチームが負けた試合数がどのチームよりも少ない。

　（ただし、勝ち点は、勝つと+2点、負けると+0点、引き分け+1点）

A君、B君、C君の3人はそれぞれ自分のチームが一番優秀だと主張しているが、3人とも本当のことを言っていることはありうるのだろうか。可能だとすると、どのような状態なのか、その1例（なるべく少ない試合数）をあげて、もし不可能でウソをついている人がいるのなら、その根拠(こんきょ)を書いてくれ。

11　箱入り娘を脱出させる　（1996年6月号）

　右のようなパズルがある．やり方は簡単．わくの中で11枚の駒を動かしていき，王だけをうまく出口から脱出させれば勝ち．ただし，各駒は実際の将棋の駒の動きとは無関係で，空いている場所へ自由に動かせる．しかしジャンプは反則．1つの駒を1回動かすのを1手とすると，君は最短何手で王を脱出させることができるだろうか．その方法と君の手数を教えてくれ．さらに余力のある人は2枚の桂を1枚の金にかえて挑戦してみてくれ．

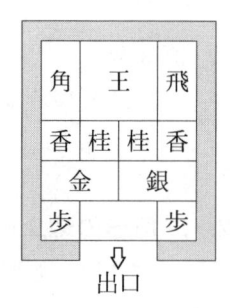

12　9枚のカードを3×3の正方形に並べる　（1998年6月号）

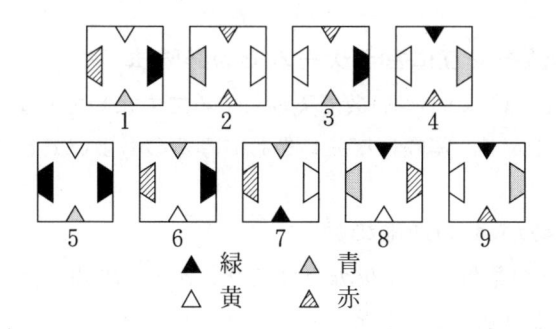

▲ 緑　△ 青
△ 黄　△ 赤

　上の9枚のカードをつなぎ目が同じ色の正三角形になるように，3×3の正方形型に並べる．その時，次の①～③のうち可能なものはどれか．
① 1番のカードを中心に置く．
② 各色の正三角形がどれも3個ずつ．
③ 同じ色の正三角形はすべて平行な辺がある．例えば，下の線はすべて平行である．

例

ヒント

I. 整数

1. 覆面算
'ん' と 'の' はすぐにわかるでしょう．では，'た' の候補はいくつあるでしょうか？

2. 三角形の辺上の数の和を等しくする
魔方陣の変形版（三角陣？）です．和を決めるところが難しいでしょう．なお，和は1つではありませんが，1つの場合ができていれば十分です．

3. 4×4の魔方陣
＿のついた4つの素数をカドに置いてみて．

4. 30の約数を交互に言うゲームでの必勝法
6や10などの小さい数で実験してみてもよいでしょう．また，友達と2人で，実際にゲームをしてみるのもよいでしょう．

5. A の約数が A の逆順の数
5ケタの整数 A を $abcde$ とすると，a と e の間には，どんな関係があるのでしょうか？

6. 99,999の倍数をつくる
99は何の倍数かを考えてみるのも1つの方法です．

7. 37, 38, 39の倍数をつくる
37の倍数という条件と，各けたの数字の和が37という条件のどちらに最初に着目するのが良いでしょうか？

8. 0，1，2 で 9 けたの平方数をつくる

　　　くり上げのある計算よりもない方が楽ですよ．

9. 項が整数の等比数列

　　　かける数は分数で，その分母をあまり大きくできないことはすぐにわかるでしょう．

10. 回文数

　　　90個の整数全部について調べれば，答えは見つかります．でも，それだけではつまらないでしょうから，何か工夫をしてください．

11. $N-1$ を N の 3 個の約数の和で表す

　　　そのままでは考えにくい場合は，もとの数で割って分数の形にして考えてみてください．

II．規則性

1. 数の三角形

　　　例の'数の三角形'で，たとえば，2 は何回たしたことになるのか，考えてみましょう．

2. 団子を交互に取るときの必勝法

　　　2個の時，3個の時，…と調べて先手必勝か，後手必勝か，それともどちらともいえないのか，規則を見つけてください．

3. 円上におかれた品物を 3 個ごとに取り出す

　　　1番から出発すると，何番目の品物がもらえるでしょうか．それを，小さい数で実験してみてください．

Ⅲ. 場合の数，確からしさ

1. 棒に浮き輪を入れる
たとえば，5番，2番が入って，次に4番が1番の位置にひっかかると，もう入る浮き輪はありません．何個入ったかで，場合分けして考えるところでしょう．

2. 正16角形から四角形を作る
たとえば，正10角形や正12角形の場合などで，実験してみてください．

3. 4組の夫婦を3つのグループに分ける
まずは，グループの人数を考えましょう．

4. n 本のロープをどの2本も交わらないように $2×n$ 人で張る
まずは $n=3$ の場合を考えてみましょう．$n=2$ のときとあわせて，どんな規則が見つけられるかがカギです．

5. 正方形型の16個の点から4点を選んで長方形を作る
1つずつ数えるのは大変ですから，効率よく数える方法を考えてみましょう．

6. 7×7の交差点で2人が出会う確からしさ
まずは，出会う可能性のある場所を決めましょう．

7. 16人のトーナメントで2人が対戦する確からしさ
4人が参加する場合，8人が参加する場合を考えてみると，ようすがわかるでしょう．

Ⅳ. 図形

1. **角度を求める**
   正確な図を書き，分度器で測ると答えの見当はつくでしょう．

2. **直角三角形に内接する最大の正方形と円の面積**
   いろいろな図を書いて，実験してみましょう．

3. **正方形に内接する3つの正方形の辺の長さ**
   中学校で学ぶ知識を利用したくなる人もいるかもしれませんが，あくまでも小学校の範囲内の知識で解けます．

4. **正方形を4本の直線で分ける**
   15°では，辺の比をかんたんに表すことができませんね．そこで，……．

5. **三角形の各辺を4等分する点から六角形を作る**
   平行線がたくさん引けます．

6. **6×10の三角形の中の白と黒の部分の面積の差**
   直接数えることもできますが，もっといい方法もあります．

Ⅴ. 図形の分割

1. **2×2の正方形から1個を切り取った図形15個で長方形を作る**
   長方形のたて，横の長さとして考えられるのはそれぞれ何cmでしょうか？

2. **6×6，8×8の正方形を2つに切り，10×10の正方形を作る**
   辺に平行に切りますが，長方形になるように切ったのでは難しいでしょう．

3. 4×4 の正方形を合同な 2 つの図形に分ける

　　対称性に着目すると，中心を通る切り口を考えるところでしょう．

4. 13×154 の長方形をできるだけ少ない正方形に分ける

　　最後に残る 13×11 の正方形をどう分けるかを考えましょう．

5. 正方形を鋭角三角形に分ける

　　最後に書いてある鋭角三角形になる条件を，うまく活用することを考えましょう．

6. 2 つの円と 1 つの半円を分ける

　　1 人分の取り分を考えましょう．当然，分数になりますが….

7. 30×40×40 の直方体を立方体に分ける

　　ケーキの切り方は決まっていますから，分けられたそれぞれにぬられているチョコレートの量も決まっています．

8. 6×6 の正方形に 1×4 の長方形を敷く

　　面積についての条件を考えると，最も多くて何枚敷けるかがわかるはずです．

9. 2×7×7 の直方体の中に 1×2×4 の直方体を入れる

　　体積についての条件を考えると，最も多くて何個入るかがわかるはずです．前問の平面の場合が参考になるでしょう．

VI. パズル

1. **長さ1のマッチ棒12本で面積3の図形を作る**

    とりあえず，マッチ棒の本数が少ない場合で，面積 $3\,\mathrm{cm}^2$ の図形を作ってから，マッチ棒の本数を増やすことを考えてみるのがよいでしょう．

2. **7つの立体で立方体を作る**

    7つの立体を全部使って，立方体を1つ作ります．実際に組み立ててみるのも一つの手です．作れる場合には，どの立体をどこに使ったのかがわかるように書いてください．作れない場合には，その理由を簡単に書いてください．

3. **8×8のマス目の中に王将を置く**

    4×4，5×5などの盤で考えてみてもよいのですが，8×8のときはちょっとようすがちがいます．

4. **9×9のマス目の中に警備員を置く**

    4×4，5×5などの小さい場合で実験してみましょう．

5. **最大の利益を上げる方法**

    なるべく大きな利益を設定して，最も運の悪い時でも達成できるかどうかを調べてみよう．

6. **品物の強度を調べる実験**

    10回しか実験できませんが，1回目の実験では何段目から落とすのがよいでしょうか？

7. **6枚のコインの重さを天びんを3回使って決める**

    1回目は，つり合った3枚のコインを分けて計るのが良いのかどうか？

8. 天びんを3回使って決まった量の塩を取り出す

　　まずは，小さい a の値で色々と調べてみましょう．そして，あるaの値でできれば，もっと大きい a の値でできないかを考えてみてください．

9. 井戸の水をくみ出す最短の時間

　　出発点は，$20l$ の容器があるところです．井戸から2人同時に水をくむことはできません．2人のどちらからくみ始めるのがよいのか，また，どんな水のうつしかえのしかたをするのがよいのかを考えてください．

10. サッカーの3チームのキャプテンの主張

　　たとえば，Aの勝ち点を多くしてBの勝ち試合数を多くするには，AとBの対戦はどうなっていればよいでしょうか？

11. 箱入り娘を脱出させる

　　実際に王様を下に動かしていくと，じゃまになる駒があることに気がつくでしょう．それを小さい駒に変えたもので考えてみるのもよいでしょう．

12. 9枚のカードを3×3の正方形に並べる

　　まずは，9枚のカードをいくつかに分類してみましょう．

解 答

I. 整数
1. 覆面算 …………………………………… 30
2. 三角形の辺上の数の和を等しくする ……… 34
3. 4×4の魔方陣 …………………………… 38
4. 30の約数を交互に言うゲームでの必勝法 …… 42
5. Aの約数がAの逆順の数 ………………… 46
6. 99, 999の倍数をつくる ………………… 50
7. 37, 38, 39の倍数をつくる ……………… 54
8. 0, 1, 2で9けたの平方数をつくる ………… 58
9. 項が整数の等比数列 ……………………… 62
10. 回文数 …………………………………… 66
11. $N-1$をNの3個の約数の和で表す ………… 70

II. 規則性
1. 数の三角形 ……………………………… 74
2. 団子を交互に取るときの必勝法 ………… 78
3. 円上におかれた品物を3個ごとに取り出す …… 82

III. 場合の数・確からしさ
1. 棒に浮き輪を入れる ……………………… 86
2. 正16角形から四角形を作る ……………… 90
3. 4組の夫婦を3つのグループに分ける ……… 94
4. n本のロープをどの2本も交わらないように
   $2×n$人で張る …………………………… 98
5. 正方形型の16個の点から
   4点を選んで長方形を作る ……………… 102
6. 7×7の交差点で, 2人が出会う確からしさ …… 106
7. 16人のトーナメントで
   2人が対戦する確からしさ ……………… 110

IV. 図形
1. 角度を求める …………………………… 114
2. 直角三角形に内接する
   最大の正方形と円の面積 ……………… 118
3. 正方形に内接する3つの正方形の辺の長さ …… 122
4. 正方形を4本の直線で分ける …………… 126
5. 三角形の各辺を4等分する点から
   六角形を作る …………………………… 130
6. 6×10の三角形の中の
   白と黒の部分の面積の差 ……………… 134

V. 図形の分割
1. 2×2の正方形から
   1個を切り取った図形15個で長方形を作る …… 138
2. 6×6, 8×8の正方形を2つに切り,
   10×10の正方形を作る ………………… 142
3. 4×4の正方形を合同な2つの図形に分ける …… 146
4. 13×154の長方形を
   できるだけ少ない正方形に分ける ……… 150
5. 正方形を鋭角三角形に分ける …………… 154
6. 2つの円と1つの半円を分ける ………… 158
7. 30×40×40の直方体を立方体に分ける …… 162
8. 6×6の正方形に1×4の長方形を敷く …… 166
9. 2×7×7の直方体の中に
   1×2×4の直方体を入れる ……………… 170

VI. パズル
1. 長さ1のマッチ棒12本で面積3の図形を作る …… 174
2. 7つの立体で立方体を作る ……………… 178
3. 8×8のマス目の中に王将を置く ………… 182
4. 9×9のマス目の中に警備員を置く ……… 186
5. 最大の利益を上げる方法 ……………… 190
6. 品物の強度を調べる実験 ……………… 194
7. 6枚のコインの重さを
   天びんを3回使って決める ……………… 198
8. 天びんを3回使って
   決まった量の塩を取り出す …………… 202
9. 井戸の水をくみ出す最短の時間 ………… 206
10. サッカーの3チームのキャプテンの主張 …… 210
11. 箱入り娘を脱出させる ………………… 214
12. 9枚のカードを3×3の正方形に並べる …… 218

● 整数

問題 1

覆面算

```
  さ ん す う
+     と く
─────────────
  た の し い
```

左のたし算で，'たのしい'が最大になるようなたし算を考えてください．ただし，各ひらがなはすべて異なる，0～9の整数．

この問題には，34通の応募があり，正解者は29名．応募者は小6はもちろんだが，小5，小4そして小1まですべての学年にわたり，そして何とカナダからの応募もあった．たくさんのレポートありがとう．

では，みんなからのレポートを紹介しよう．正解者のほとんど全員が多少のちがいはあるものの以下の方法で考えていた．

> 吉田晶子さん（緑園東小5）のレポートより

1)．千の位の数字がちがうから，百の位からくり上がる．
2)．百の位はたす数がないので，ん＝9となって十の位からくり上がって，の＝0

```
  さ ん す う
+     と く
─────────────
  た の し い
        ⇩
  さ 9 す う
+     と く
─────────────
  た 0 し い
残りの数（12345678）
```

3)．たのしいを最大にするためには，'た'にできるだけ大きな数をいれる．
　　a)．た＝8にする．さ＝7

30

```
    7 9 す
+       と く
────────────
    8 0 し い
```
残りの数（123456）

十の位がくり上がらないといけない．しかも'し'は0でないので，考えられるのは

```
    7 9 6 う          7 9 6 う
+       5 く      +       4 く
────────────       ────────────
    8 0 し い          8 0 し い
   （1234）           （1235）
```
残りの数　（1234）　　　　（1235）

どちらも，残りの数は，'う''く''し''い'にあてはまらないので，上の計算は×．

　b)．た＝7にする．さ＝6
同様に，十の位がくり上がるので，

```
  6 9 8 う     6 9 8 う     6 9 8 う     6 9 8 う
+     5 く   +     4 く   +     3 く   +     2 く
──────────   ──────────   ──────────   ──────────
  7 0 し い     7 0 し い     7 0 し い     7 0 し い
```
残りの数　（1234）　　（1235）　　（1245）　　（1345）

この場合も，残りの数をあてはめられないので全部×．

　c)．た＝6にする．さ＝5

```
  5 9 8 う     5 9 8 う    （5 9 8 う）
+     7 く   +     4 く   +（    3 く）
──────────   ──────────   （──────────）
  6 0 し い     6 0 し い    （6 0 し い）
```
残りの数　（1234）　　（1237）　　（1247）

```
  5 9 8 う    （5 9 7 う）   （5 9 7 う）
+     2 く   +（    4 く）  +（    3 く）
──────────   （──────────）  （──────────）
  6 0 し い    （6 0 し い）   （6 0 し い）
```
残りの数　（1347）　　（1238）　　（1248）

○のついた計算は残りの数をあてはめられる．

整数

```
    5 9 8 7         5 9 7 8         5 9 7 8
  +     3 4       +     4 3       +     3 4
    6 0 2 1         6 0 2 1         6 0 1 2
```

答えは，たのしい＝**6021**

　　　　　　　　　＊　　　　　　　＊

　では，もう少し数学的な解法も紹介しよう．以下の解き方は杉翔磨君が考えた方法だ．

　まずこの問題を解く上で大切な法則が2つある．

　1つめは，例えば'さんすう'を9で割った余りは，各けたの和，'さ＋ん＋す＋う'を9で割った時の余りと等しいこと．なぜこうなるかは簡単．

　　　'さんすう'＝さ×1000＋ん×100＋す×10＋う

　　　＝（さ×999＋ん×99＋す×9）＋さ＋ん＋す＋う

となって，カッコの中は9で割り切れるから，'さんすう'を9で割った余りは，'さ＋ん＋す＋う'を9で割った時の余りと等しくなるのだ．

　これをどう使えばいいのか．

　'さんすう'はいくつかわからないし，'とく''たのしい'もいくつかはわからない．しかし，10個のひらがなすべてをたすといくつになるかはわかる．

　0＋1＋2＋3＋4＋5＋6＋7＋8＋9＝45 だから

　　さ＋ん＋す＋う＋と＋く＋た＋の＋し＋い＝45 …① となる．

　　さて，さんすう＋とく＝たのしい…………②

　この①，②から何か気がつくことはないかな？

　②をみると，'さんすう＋とく'を9で割った時の余りをRとすると，当然'たのしい'を9で割った余りもR.

　ここで①を見ると，'たのしい'と，'た＋の＋し＋い'は9で割った時の余りは等しく，また同様に'さんすう＋とく'と'さ＋ん＋す＋う＋と＋く'も9で割った時の余りは等しくなる．そこで①の両辺を9で割った余りを見ると，

　　さ＋ん＋す＋う＋と＋く＋た＋の＋し＋い

を9で割った余りは，'さんすう＋とく＋たのしい'を9で割った余りと等しい．これは，$R+R$を9で割った余りと等しくなる．そして①の右辺を見ると，$R+R$を9で割った余りは0．このようなRは0しかない．

以上から，'たのしい'は9で割り切れる．
つまり，'た＋の＋し＋い'も9で割り切れる．

　ここでもう1つ，くり上げに関する法則を紹介しよう．くり上げがないと，'さ＋ん＋す＋う＋と＋く'と'た＋の＋し＋い'は等しくなるはずだ．しかし，45÷2＝22.5で整数にならないから，くり上げがあることになる．

　では，くり上げがあると，'さ＋ん＋す＋う＋と＋く'と'た＋の＋し＋い'の値はどうなるのか．

　　くり上げがあるために，筆算の下の段　　　　　　3 4
　　　'た＋の＋し＋い'は9だけ　　　　　　　　　＋5 8
　　　'さ＋ん＋す＋う＋と＋く'より　　　　　　　9 2
も小さくなるのだ．

　なぜかというと，例えば右の場合で考えると，1の位でくり上がりが起こる．筆算の上の段の各けたの和は，(3＋5)＋(4＋8)となるが，下の段ではくり上がりのため1の位は上の段よりも10少ない2となる．そのかわり，10の位ではくり上がりで1増えるので，筆算の下の段の各けたの和は，上の段の各けたの和よりも10－1＝9だけ小さくなるのだ．すると，

　　'た＋の＋し＋い'＝'さ＋ん＋す＋う＋と＋く'－9×くり上げ回数

となる．問題を見ると，十の位と百の位の2か所で少なくともくり上げがある．そして，'た＋の＋し＋い'が9の倍数であることと①から，

　　'た＋の＋し＋い'＝'さ＋ん＋す＋う＋と＋く'－9×くり上げ回数
　　　　　9　　　　＝　　　　36　　　　　　－9×3

となることがわかる．後は簡単．の＝0だから（たのしい）の4つの数は，(0126)(0135)(0234)の3組しかない．そしてこの中で，

　　'た＋の＋し＋い'が最大になる6021は可能なので，答えは**6021**だとわかる．ちなみに，6021の他には，2034, 2043, 3015, 3051, 5013, 6012の6種類ある．

整数

問題 2
三角形の辺上の数の和を等しくする

右の図の空所に，0〜9までの数字を1つずつ入れ，三角形の各辺と横線上の数字の和がどれも等しくなるようにしてください．

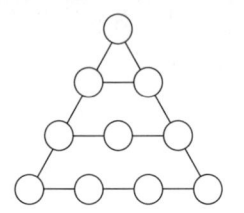

この問題には，62通もの応募があった．そして，全員正解だった．正解は複数あるけど，そのすべてを見つけてくれた人も何人かいて，とてもうれしかった．

ではさっそく解説していこう．まず右図のように各空所をア〜コとして，一列の和を S とする．

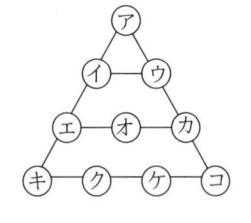

イとウ，エとカ，キとコに入る数字を入れかえ，全体をひっくり返したものも正解になるけど，これは考えないことにする．そのために，イの方にウよりも大きな数字を入れることにする．また，クとケについても同じように，クの方にケよりも大きな数字を入れる．

ただやみくもに数字をあてはめていくのは大変だから，横線3本に着目して，アに入れる数字を考えることにする．

イ＋ウ＝エ＋オ＋カ＝キ＋ク＋ケ＋コ＝S　なので，

イ＋ウ＋エ＋オ＋カ＋キ＋ク＋ケ＋コ＝$3\times S$

となる．これにアを加えて，ア〜コまでの和は，0〜9までの和

$$0+1+2+3+4+5+6+7+8+9=45$$

と等しくなる．だからアは，

ア＝$45-3\times S=3\times(15-S)$

三角形の辺上の数の和を等しくする

となり，アが3の倍数になることがわかる．

つまり，アに入る数字は，3，6，9と0の4つだけとなる．

これで0，3，6，9をアにあてはめて1つずつ調べていってもいい．それぞれ各線上の和も決まる．でも，実際に調べる前にもう少し可能性を小さくできないか，考えてみよう．

$$(イ+ウ)+(エ+オ+カ)+(キ+ク+ケ+コ)$$
$$=(イ+エ+キ)+(ウ+カ+コ)+(オ+ク+ケ)$$
$$=3×S \quad \cdots\cdots\cdots\cdots\cdots\cdots\cdots\cdots\cdots\cdots\cdots\cdots\cdots☆$$

としてみる．

ア＋イ＋エ＋キ＝S，ア＋ウ＋カ＋コ＝S

だから，イ＋エ＋キ＝S－ア，ウ＋カ＋コ＝S－ア

となる．すると上の式☆は，

$$(S-ア)+(S-ア)+オ+ク+ケ=3×S$$

となり，整理すると， オ＋ク＋ケ＝S＋2×ア

アが0の時は，$S=(45-0)÷3=15$

アが3の時は，$S=(45-3)÷3=14$

アが6の時は，$S=(45-6)÷3=13$

アが9の時は，$S=(45-9)÷3=12$

そして，オ＋ク＋ケは，

ア＝0の時，オ＋ク＋ケ＝$15+2×0=15$

ア＝3の時，オ＋ク＋ケ＝$14+2×3=20$

ア＝6の時，オ＋ク＋ケ＝$13+2×6=25$

ア＝9の時，オ＋ク＋ケ＝$12+2×9=30$

ところが，オ＋ク＋ケは最大でも，$7+8+9=24$ だから，アが6と9の時はありえないことになる．つまり，アは0か3になるのだ．

さて，ちょっと複雑だったけど，これでアは0か3に決まり，オ＋ク＋ケも決まった．

ここからいよいよ実際に調べることにしよう．

まず，ア＝0の時．

各線上の和$S=15$だから，イ＋ウ＝15

● 整数

考えられる（イ，ウ）の組は（9，6），
（8，7）の2つ．まず（9，6）の場合．
エ＋キ＝15－9－0＝6
よって，（エ，キ）は（1，5），（2，4）
の2通り考えられる．

また，同様に（カ，コ）は（1，8），
（2，7），（4，5）の3通り．この2つを比較すると，
（エ，キ）が（1，5）の時は，（カ，コ）は（2，7）
（エ，キ）が（2，4）の時は，（カ，コ）は（1，8）
となる．そして，キ＋ク＋ケ＋コ＝15，オ＋ク＋ケ＝15だから，
オ＝キ＋コ．キ＋コが1けたになることに注意して，まとめてみると，

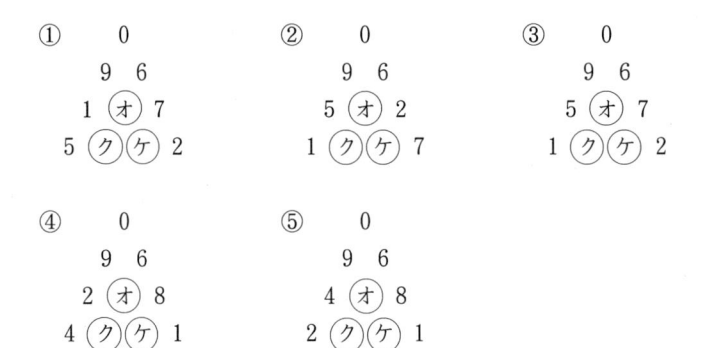

① 0　　　　　　② 0　　　　　　③ 0
　9 6　　　　　　　9 6　　　　　　　9 6
　1 ⑦ 7　　　　　　5 ⑦ 2　　　　　　5 ⑦ 7
　5 ⑦⑦ 2　　　　　1 ⑦⑦ 7　　　　　1 ⑦⑦ 2

④ 0　　　　　　⑤ 0
　9 6　　　　　　　9 6
　2 ⑦ 8　　　　　　4 ⑦ 8
　4 ⑦⑦ 1　　　　　2 ⑦⑦ 1

の5通りになる．①はオ＝5＋2＝7になりダメ．②〜⑤はO.K.で，正解が見つかる．

同様に（イ，ウ）が（8，7）の時も調べると，やはり4つの正解が見つかる．

最後にア＝3の時を調べて終わりにしよう．
（イ，ウ）を決める前に，オ＋ク＋ケ＝20に着目すると，（オ，ク，ケ）の組は，（9，7，4），（9，6，5），（8，7，5）の3つが考えられる．

そして，（イ，ウ）は（9，5）か（8，6）なので，オ，ク，ケ，イ，ウが重複しないようにすれば，

（オ，ク，ケ）は（9，7，4），（イ，ウ）は（8，6）と決まる．

各線上の和，$S=14$ に注意してそれぞれの場合をまとめてみると，

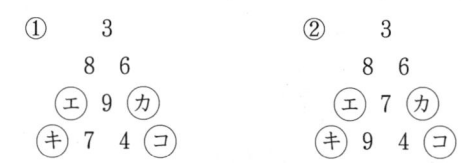

三角形の辺上の数の和を等しくする

① 　　3
　　8　6
　㋘　9　㋕
　㋖　7　4　㋙

② 　　3
　　8　6
　㋘　7　㋕
　㋖　9　4　㋙

次に㋘，㋖を決めてこの2通りを調べると，②だけが可能になる．
すべてをまとめると全部で9通りになる．

```
      0              0              0
     9 6            9 6            9 6
    5 8 2          5 3 7          2 5 8
   1 4 3 7        1 8 4 2        4 7 3 1

      0              0              0
     9 6            8 7            8 7
    4 3 8          1 9 5          4 9 2
   2 7 5 1        6 4 2 3        3 5 1 6

      0              0              3
     8 7            8 7            8 6
    4 5 6          6 4 5          2 7 5
   3 9 1 2        1 9 2 3        1 9 4 0
                ＊              ＊
```

ちなみに，0～9の数字ではなく，1～10の数字でもできる．正解は1つしかないので，みんな考えてみてね．

整数

問題 3
4×4の魔方陣

3, 5, 7, 11, 13, 17, 19, 23, 29, 31, 37, 41, 43, 61, 67, 73 の16個の素数で4×4の魔方陣を作りなさい．

この問題の応募者数は24名．そして正解だったのは，ほぼ全員の23名だった．

諸君も魔方陣についてはよく知っているよね．この魔方陣というものは，とても古くからあるものなのだ．中国で見つけられたものが一番古いそうで，3×3の魔方陣をうらないに使用していたらしい．また，中世のヨーロッパでも有名な絵画の中に登場しているものもある．

3×3の魔方陣では1から順に数字を使うものがとても有名だけど，4×4でも，もちろん1から順に数字を使って魔方陣を作るのが普通だ．さらに，どんな大きさの魔方陣でも1から順に数字を使う作り方が知られている．しかし素数だけを使って作る魔方陣はとても珍しく，みんなも驚くだろうと思って紹介したのだ．

こういう問題を一瞬で解くようなうまい解法はないけれど，苦労を減らすためにも，入る数字の可能性の少ないマスから考えていくのが効率がよい方法だろう．

> 大北尚永君（美旗小6年）のレポートより

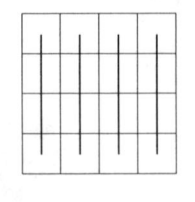

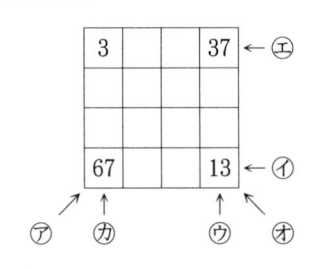

3			37	←㋓
67			13	←㋑

↑　↑　　　↑　↑
㋐　㋕　　　㋒　㋔

4×4の魔方陣

　問題にある16個の数を合計すると，480になる．前ページの左図のように4列の和を考えると，480になるから，魔方陣の縦，横，斜めの1列の和は，$480 \div 4 = 120$になる．

　ヒントから，前ページの右図のように，3，13，37，67を置き，各列を㋐〜㋕で表す．

　㋐の列：（対角線）

　$67 + 37 = 104$だから残る2マスの和は，$120 - 104 = 16$

　問題の素数の中で和が16になるのは，残る12個の素数の中では5と11．よって㋐の列には5と11が入る．

　㋑の列：

　$13 + 67 = 80$だから，$120 - 80 = 40$が残る2マスの和になる．残る10個の素数の中からさがすと，17と23のペアだけ．よって㋑の列には，17と23．

　㋒の列：

　$120 - (37 + 13) = 70$

残る8個の素数の中で和が70になるのは29と41．㋒の列には29と41．

　㋓の列：

　$120 - (37 + 3) = 80$

残る6個の素数の中で和が80になるのは，(7, 73)，(19, 61)の2組が考えられる．よって㋓の列には上の2組の数のどちらかが入る．

　㋔の列：

　$120 - (3 + 13) = 104$

㋓で使う素数は定まっていないから，やはり残り6個から和が104になるものをさがすと，(31, 73)，(43, 61)の2組になる．

　㋕の列：

　$120 - (3 + 67) = 50$

㋔同様に残る6個から和が50になるものをさがすと，(7, 43)，(19, 31)の2組．

　㋓〜㋕をまとめると，㋓の列に(7, 73)を使うとすると，㋕の(7, 43)は使えないから，(19, 31)の組になり，㋔は，(43, 61)になる．また㋓の列に(19, 61)を使う場合は，㋔が(31, 73)となり，㋕が(7, 43)になる．

　以上より，㋐〜㋕に入る数の組が2通りに決まる．

1. ㋐：(5, 11) ㋑：(17, 23) ㋒：(29, 41)
   ㋓：(7, 73) ㋔：(43, 61) ㋕：(19, 31)
2. ㋐：(5, 11) ㋑：(17, 23) ㋒：(29, 41)
   ㋓：(19, 61) ㋔：(31, 73) ㋕：(7, 43)

3	61	19	37
43	31	5	41
7	11	73	29
67	17	23	13

実際にあてはめていくと，1の場合は不可能で，2から右図のような魔方陣を作ることができる．

* *

以上のように，マス目に入る数字の組を考えてから魔方陣に数字をあてはめていくのは良い方法だ．ところで，作れる魔方陣は1つだけなのだろうか．そんなことはない．上の魔方陣以外にも，下のように，組になっている2つの数を入れかえて魔方陣をもう1つ作ることができる．ちゃんと各列の和が120になることを確かめてくれ．

3	61↔19	37		3	19	61	37

3	61	19	37
43	31	5	41
7	11	73	29
67	17	23	13

3	19	61	37
7	73	11	29
43	5	31	41
67	23	17	13

* *

さて，この2つ以外の魔方陣は作れるのだろうか．作れないと言い切るのはまだ早い．カドに入る4つの数字の入れ方は，上の2つ以外にあと2通り考えられるからだ．そのうちの1つのレポートを紹介しよう．

住谷智恵子さん（若葉台北小4年）のレポート

右の図のように，各マスを $A \sim L$ とする．（大北君のレポートのように）㋐〜㋕の列の残り2数の組を考える．

3	H	G	67	←㋕
A	I	L	F	
B	J	K	E	
13	C	D	37	←㋑

㋐の列：
$120-(37+67)=16$ より，㋐の列 E，F には，(5, 11) が入る．

㋑の列：
$120-(13+37)=70$ より，㋑の列 C，D には (29, 41) が入る．

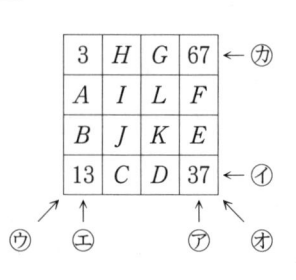

㋒の列：
$120-(13+67)=40$
よって㋒の列 L, J には，(17, 23) が入る．
㋓の列：
$120-(3+13)=104$ より，㋓の列 A, B には，(31, 73)，(43, 61) の 2 組が考えられる．
㋔，㋕を㋓によって場合分けをすると，
1. ㋓：(31, 73), ㋔：(19, 61), ㋕：(7, 43)
2. ㋓：(43, 61), ㋔：(7, 73), ㋕：(19, 31)

ここで，$(A+I+L+F)-(B+J+K+E)=120-120=0$ より，
$(A-B)+(I-K)+(L-J)+(F-E)=0$ ……………………………①

同様に，$(H+I+J+C)-(G+L+K+D)=0$ より，
$(H-G)+(I-K)+(J-L)+(C-D)=0$ ……………………………②

〜〜部の組はそれぞれ㋐〜㋕の各組に対応している．そこで，1，2 の 2 通りの組み合わせが①，②に成り立つかどうか調べてみると，成り立つのは 1 だけ．

これで各組が定まり，数字をあてはめていくと下の解答になる．

3	43	7	67
73	19	23	5
31	17	61	11
13	41	29	37

3	7	43	67
31	61	17	11
73	23	19	5
13	29	41	37

このレポートの良いところは，①，②の式で各列に入る数が 1 通りに決まってしまうところだ．最後に残った，もう 1 つのカドの置き方でも同じように調べていくと新しい魔方陣が作れそうだけど，実はできないのだ．ぜひ調べてみてくれ．

整数

問題 4

30の約数を交互に言うゲームでの必勝法

2人が順番に，30の約数を交互（こうご）に言うゲームをします．30を言った人が負けになります．

ただし，以前に言われた数の約数は次からは言うことができなくなります（例．10と言われたら，もう，1，2，5は言えない）．

さて，先手と後手どちらに必勝法があるでしょうか．

余裕（よゆう）のある人は，30以外のいくつかの数でも考えてみてね．

この問題には34通のレポートが届いた．そのうち正解した人は24名だった．みんなこのゲームを楽しく遊びながら考えていたみたいだ．

さっそくレポートを紹介（しょうかい）して，このゲームの全ぼうを明らかにしていこう．

樫谷一博君（杉並区）のレポートより

30の約数＝{1, 2, 3, 5, 6, 10, 15, 30}を約数の個数によって，グループに分ける．

　　A {1}　　B {2, 3, 5}　　C {6, 10, 15}　　D {30}

1. 先手はAグループから取る（すなわち先手は1を取る）．
2. 後手はBグループかCグループから取るしかない．
（ⅰ）Bグループから取る場合（例えば2）
・先手は，Bグループの残りの2つをかけたものを取る（すなわち15）．
・後手は，残る6か10のどちらかを取り，どちらであっても先手は残り一方を取れる．

すると，後手は最後に30を取るしかない．

よって，先手必勝．

（ⅱ）Cグループから取る場合（例えば6）

30の約数を交互に言うゲームでの必勝法

- 先手は，Bグループの残り1つを取る（すなわち5）．
- 後手は，残る10か15のどちらかを取る．どちらであっても先手は残り一方を取れる．すると，後手は最後に30を取るしかない．よって，先手必勝．

以上をまとめると，
  （ⅰ） 1→ 2 →15→ 6 →10→30
      A B C C C D
  （ⅱ） 1→ 6 → 5 →10→15→30
      A C B C C D

先手は，まず1を取り，以下は上のようなグループの取り方をすれば，**先手が必ず勝つ**．

                *   *

さて，このレポートの先手の取り方をよく見ていると，もっと単純明快な方法に気付く．

片岡俊基君（山室山小4年）のレポートより

- 先手は最初に1を言う．
- 次，後手がAと言ったとすると，次に先手は$30 \div A$を言う．
- あと残る数は，30と，{6, 10, 15}のうちの2つ．
- 次に後手が何を言っても，{6, 10, 15}のうち1つが残っているので，先手はそれを言う．
- 後手は30を言うことになり，**先手は必ず勝てる**．

                *   *

このレポートをわかりやすく言えば，先手は，
- 最初，1を言う．
- 次は，30÷(後手の言った数)を言う．

この2つをまもれば，あとは自然に先手の勝ちになる，というわけだ．

さて，$30 = 2 \times 3 \times 5$から，一般的に$a \times b \times c$（a, b, cは互いに異なる素数）なら，同じ様に先手必勝であることがわかる．ちなみに，素数とは1と自分自身以外に約数を持たない数のことだ．

では，ちがう数ではどうなるのか？ ちょっと調べてみることにしよう．

43

● 整数

- a^n の場合（$a^n = a \times a \times \cdots \times a$，$a$ を n 回かけた数）．
  先手は，最初に a^{n-1} を言えば残るは a^n のみとなるから，簡単に先手必勝．
- $a \times b$ の場合（a，b は互いに異なる素数）．
  約数は，1，a，b，$a \times b$ の 4 つ．
  先手は最初に 1 を言う．あとは自然に先手必勝になる．
- $a^2 \times b$ の場合（a，b は互いに異なる素数）．
  約数は，1，a，b，a^2，$a \times b$，$a^2 \times b$ の 6 つ．
  $\{1\}$，$\{a, b\}$，$\{a^2, a \times b\}$，$\{a^2 \times b\}$ の 4 つにグループ分けする．
  先手は，最初に 1 を言う．あとは後手の言った数と同じグループの数を言っていけば，先手必勝にできる．
- $a^3 \times b$ の場合（a，b は互いに異なる素数）．
  これも $a^2 \times b$ の場合と同じように先手必勝にできる（みんな考えてみてね）．

さて，いろいろな場合を見てきたけど，どれも先手必勝になってしまう．後手はいつになったら勝てるのだろうか？　もしかしたら，…．

そう，何とどんな数の場合でも，必ず先手必勝なのだ．レポートの中で，広崎拓登君が見事にこのことに気付いていた．広崎君は先手必勝であることの証明もしてくれていたので，紹介しよう．

広崎拓登君（上菅田小 6 年）のレポートより

どんな数の場合でも，必ず約数に 1 がある．

1 は，第 1 手目（先手）以外に取ることができない（他の数を取ると 1 は取れなくなる）．従って，先手にのみ 1 を取るか取らないかの選択権がある．

- もし，最初に先手が 1 を取ると，必ず後手が勝ってしまうとする．この場合は，後手が最初に取る数（第 2 手目）を先手が 1 のかわりに取ってしまえば，一転して先手必勝になる．
- また，最初に 1 以外の数を先手が取ると，後手必勝になってしまう場合には，今度先手は最初に 1 を取るといい．後手は次に 1 以外の数を取ることになり，次の順番の人（先手）が必勝になる．

以上より，どんな場合にも後手必勝となることはありえない（**先手必勝**となる）．

　　　　　　　　＊　　　　　　　＊

　常に先手必勝となることはわかったかな？
　でも驚くのはまだ早いよ．
　先手必勝なのはわかったのだけど，では具体的な必勝法は？と聞かれると，一般的には必勝法がわからないのだ．「？？？」
　つまり，先手の必勝法がどんなものかはわからないけど，先手必勝であることはわかっているのだ．結果はわかっているのだけど，どうすればそうなるのかはわからない，というわけなのだ．面白いよね．
　数学にはこのように，未解決のものがたくさんある．どうだろう，この問題を考えて未解決問題を解いてみては？　今は無理でも，君たちも将来挑戦してみたらどうかな．

整数

問題 5

A の約数が A の逆順の数

5けたの整数 A がある．この A を逆から読んだ数を B とする．B が A の約数となるような5けたの整数 A を見つけてください．
（逆から読むとは，12345 なら，54321 とすることです．）
ただし，A と B は異なる数で，B も5けたの整数とします．

　この問題には，22通のレポートが届いた．見事22人全員が正解を見つけてくれたのだけど，ほとんどの人は1つしか見つけられなかった．すべての正解（2つ）を見つけた人は5人だった．どうして1つしか見つけられなかったのかは後にして，2つ見つけた人のレポートを紹介しよう．

今村麻子さん（津雲台小5年）のレポートより

　整数 A を $abcde$ とする．（a〜e は1けたの整数で，a と e は 0 ではない）
　整数 B（$edcba$）は，A とは異なる A の約数なので，A の2分の1以下．つまり e は4以下となる．

（ⅰ）$e=4$ の時．
　5けた目に着目すると，$A=2\times B$ となり，a は8か9となる．
　$a=8$ の時，$A=2\times B$ の1けた目に着目すると，$2\times B$ の1けた目は6，A の1けた目 e の4とは一致しない．よって，$a=8$ はありえない．
　$a=9$ の時，$2\times B$ の1けた目は8，A の1けた目 $e=4$ とは異なるので，これもありえない．

（ⅱ）$e=3$ の時．
　$A=2\times B$ か $A=3\times B$ となり，a は 6，7，9 のいずれかとなる．
　ところが，$2\times B$ の1けた目は，
　　$a=6$ の時は2，$a=7$ の時は4
となり，A の1けた目 $e=3$ と異なる．

同様に，$3×B$ の 1 けた目は 7 となり，これもダメ．
よって，$e=3$ では無理．
(ⅲ) $e=2$ の時．
同様にして，$A=2×B$，$A=3×B$，$A=4×B$ が考えられる．
・$A=2×B$ の場合．a は 4 か 5．この時，$2×B$ の 1 けた目は，8 か 0 となり，2 にならない．
・$A=3×B$ の場合．a は 6 か 7 か 8．この時，$3×B$ の 1 けた目は，8 か 1 か 4 となり，2 にならない．
・$A=4×B$ の場合．a は 8 か 9．この時，$4×B$ の 1 けた目は，$a=8$ の時 2，$a=9$ の時 6 となるので，$a=8$ の場合は候補になる．
つまり，$A=8bcd2=4×2dcb8$
(ⅳ) $e=1$ の時．
今度は，$n×B$ の 1 けた目が 1 になるような a を探す（n は 2〜9 の整数）．
$n×a$ の 1 けた目が 1 になるのは，a が 1, 3, 7, 9 の時で，$a=1$ の時は，$A=B$ になってしまうので，a は，3, 7, 9 の 3 通り考えられる．
・$a=3$ の時．$A=7×B$ の両辺の 5 けた目をくらべると，$7×B$ の方は，7 か 8，A の方は 3 なのでダメ．
・$a=7$ の時．$A=3×B$ の両辺の 5 けた目をくらべると，$3×B$ の方は，3 か 4 か 5，A の方は 7 となり，やはりダメ．
・$a=9$ の時．$A=9×B$ の両辺の 5 けた目をくらべると，$9×B$ の方は 9，A の方も 9 となり，

$9bcd1=9×1dcb9$　となる．

以上より，

①   2　d　c　b　8　　　②   1　d　c　b　9
　　×　　　　　　　4　　　　　　　×　　　　　　　9
　　　8　b　c　d　2　　　　　　9　b　c　d　1

の 2 通りの可能性がある．

どちらも，4 けた目から 5 けた目へのくり上がりがない点に注意して計算していく．

● 整数

①の場合.
　d は 0, 1, 2 で, 2 けた目を計算すると, $4 \times b + 3 = 2 \times (2 \times b + 1) + 1$ より,
d は奇数になり, 1 と決まる. b は 2 か 7.
　4 けた目を計算すると, 5 けた目にくり上がらないから,
　　$b = 4 \times 1 + (3 けた目からのくり上がり)$
となり, $b = 7$ に決まる.
　4 けた目には 3 くり上がることがわかったので, 3 けた目を計算すると,
　　$30 + c = 4 \times c + 3 \Rightarrow c = 9$
　よって, $A = 87912$

②の場合.
　d は 0 か 1.
　$d = 0$ の時, 2 けた目を計算すると, $b = 8$ に決まる.

```
    1 0 c 8 9
  ×         9
  ───────────
    9 8 c 0 1
```

より,
　　$80 + c = 9 \times c + 8 \Rightarrow c = 9$
　よって, $A = 98901$
　$d = 1$ の時, 4 けた目から 5 けた目へはくり上がらないので, $b = 9$
　すると, $11c99 \times 9$ の下 2 けたは, 91 となり, $d = 1$ にならないのでダメ.
　以上より,
　　　A は, **87912, 98901** の 2 つ.

　　　　　　　　　＊　　　　　　　　　　＊

ちょっと長くなったけど, 1 けた目と 5 けた目を見つけてしまえば, 後は計算するだけになる. さらに, $A - B$ は, 9 と 11 の倍数になっているので, これを使えば計算もぐっと楽になる.
　1 つしか答えを見つけられなかった人は, $b \sim d$ は 0 でもいいことを忘れて, 98901 を見落としていたり, $a = 9$ として始めて, 98901 を見つけて安心してしまい, 87912 を見つけられなかったりしたものだった.

　　　　　　　　　＊　　　　　　　　　　＊

この問題について面白いことがある．

5けたでなく，4けたにして考えてみてくれ．

どうかな，答えが見つかったかな？

答えは，8712と9801の2つだ．これは5けたの場合の答えの3けた目（まん中）の9を取った数になっている．

逆に考えると，4けたの場合の答えのまん中に9を入れると5けたの場合の答えになるということだ．それじゃあ，6けた，7けたの場合は？

そう，まん中に9を入れるだけで，6けたでも，7けたでも，100けたでも答えになるのだ．不思議でしょ．

● 整数

問題 6

99, 999 の倍数をつくる

あいている場所に 0〜9 の整数を 1 つずつ入れて，この数を 99 の倍数にしてください．

23○4567□89

さらに，余裕のある人は，次の数を 999 の倍数にしてください．

1○234□567△89

この問題には 43 通と，たくさんの応募があった．そして 1 通を除いて 42 通が見事に正解．さらに 2 番目の問題にも多くの諸君が挑戦し正解していて，僕はとてもうれしかった．

では諸君の解答を紹介しよう．すべてのレポートが次にあげる 3 つのパターンのどれかで問題を解いていた．まず 1 つ目は筆算で解く方法だ．

> 岸部峻君（志木第四小 6 年）のレポートより

99 の倍数を 99×□ と書くと，右のような筆算が成り立つ．

この筆算を使って問題の数をあてはめると，引く数の下 2 けたは 11 となって，次のようになる．

$$\begin{array}{r} 100\times\square \\ -1\times\square \\ \hline 99\times\square \end{array}$$

$$\begin{array}{r} 2\,a\,b\,c\,d\,e\,1\,1\,0\,0 \\ -2\,a\,b\,c\,d\,e\,1\,1 \\ \hline 2\,3\,\bigcirc\,4\,5\,6\,7\,\square\,8\,9 \end{array}$$

そこで，□に 0〜9 の値を入れて e, d, c, b, a と順に各値を求めていくと，次の表になる．

99,999 の倍数をつくる

	①	②	③	④	⑤	⑥	⑦	⑧	⑨	⑩
□	0	1	2	3	4	5	6	7	8	9
e	0	9	8	7	6	5	4	3	2	1
d	4	3	3	3	3	3	3	3	3	3
c	3	2	1	0	9	8	7	6	5	4
b	8	8	8	8	7	7	7	7	7	7
a	8	7	6	5	4	3	2	1	0	9
○	5	5	5	5	5	5	5	5	5	4

この表から，筆算が成り立つのは⑥だけで，表から，
$$○=5, \quad □=5$$
2番目の問題も同じように，

$$\begin{array}{r} 1○2ABCD11000 \\ -\quad\quad 1○2ABCD11 \\ \hline 1○234□567△89 \end{array}$$

4けた目，5けた目から，
$10-C=7$，$10-B=6$ により，$B=4$，$C=3$
$$\downarrow$$

$$\begin{array}{r} 1○2A43D11000 \\ -\quad\quad 1○2A43D11 \\ \hline 1○234□567△89 \end{array}$$

8けた目は7けた目へのくり下がりがないから，
$4-○=4$　よって，$○=0$
9けた目より，$A-1=3$　よって，$A=4$
$$\downarrow$$

$$\begin{array}{r} 102443D11000 \\ -\quad\quad 102443D11 \\ \hline 10234□567△89 \end{array}$$

6けた目は，5けた目へのくり下がりがあるので，
　$(D-1)-4=5$　よって，$D-1=9$
くり下がって9になる数は0，つまり$D=0$
　以上より，$□=0$，$△=9$ となる．

*　　　　　　　　　　*

整数

さて，2つ目の解法は，99＝9×11 と考えて，9，11 の倍数の判定法を使うものだ．

栗田知周君（谷津南小6年）のレポートより

99 の倍数である→11 の倍数でもあり，9 の倍数でもある．

11 の倍数の見分け方……偶数けた目の和と奇数けた目の和の差が 11 の倍数であればよい．

9 の倍数の見分け方……各けたの数の和が 9 の倍数であればよい（☞p.32）．

まず 11 の倍数の見分け方を使うと，

偶数けた目の和……$2+○+5+7+8=22+○$

奇数けた目の和……$3+4+6+□+9=22+□$

この差が 11 の倍数になるには，○＝□の場合しかない（差は 0）．

9 の倍数の見分け方を使うと，

$2+3+○+4+5+6+7+□+8+9=44+○+□$

これが 9 の倍数になればよい．○と□は 0〜9 の整数だから，○＋□は 18 以下になる．すると，44＋○＋□は，45 または 54 だから，○＋□は 1 または 10．

2つをあわせて考えると，○＝□だから，○＋□が 1 になることはないので，○＋□＝10 となり，○＝□＝**5**

*　　　　　　　　　　　　　　　*

9，11 の倍数の判定法を知っていれば，上の解法が思いつくだろう．

この 11 の倍数の判定法は，知らなかったという人もいるかもしれないから，これについて，数学的に説明しておこう．例として，$ABCDEF$ の 6 けたの数を調べてみる．

$$ABCDEF = AB \times 10000 + CD \times 100 + EF$$
$$= (AB \times 9999 + CD \times 99) + AB + CD + EF$$

となり，カッコの中は 11 で割り切れるから，$AB+CD+EF$ が 11 で割り切れればよい．さらに，

$$AB+CD+EF = (A+C+E) \times 10 + B + D + F$$
$$\begin{cases} = (A+C+E) \times 11 + (B+D+F) - (A+C+E) & \cdots\cdots①\\ = (A+C+E) \times 11 - \{(A+C+E) - (B+D+F)\} & \cdots\cdots② \end{cases}$$

①は，$B+D+F$ が $A+C+E$ よりも大きいか等しい時．

②は，$A+C+E$ が $B+D+F$ よりも大きい時．

このような変形をすれば，上の判定法が正しいことがわかる．

このように2つの倍数の判定法から求めるのは自然な考え方だけど，この問題にはもっといい解法がある．では，3つ目を紹介しよう．3つ目はいきなり99，999の倍数の判定法を見つけてしまう解法だ．

> **住谷智恵子さん（若葉北小3年）のレポートより**

23○4567□89 を2けたずつ区切ってみると，

$23×100000000+○4×1000000+56×10000+7□×100+89$
$=(23×99999999+○4×999999+56×9999+7□×99)$
$\qquad\qquad\qquad\qquad\qquad +23+○4+56+7□+89$

カッコの中は99で割り切れるから，この数が99で割りきれるには，$23+○4+56+7□+89=242+○□$ が99で割り切れればよい．

○□は0〜99までなので，$242+○□=297$

よって，○□$=$**55**

999の倍数の場合は3けたごとに区切って考えると，

$1○2+34□+567+△89=1098+△○□$

これが，1098以上の999の倍数，つまり1998になる．

$\underline{1098+△○□=1998}$　よって，△○□$=$**900**

　　　　　　　　＊　　　　　　　　＊

以上のようにこの解法ではあっという間に答えが出てくる．僕も実はこの解法を用意していた．

この解法で注目してほしいのは，○，△，□の位置だ．例えば999の場合では3けたずつ区切った時に，それぞれが異なるけたにあることに気付くだろう．これは偶然ではない．最後の計算で$1098+△○□$は必ず999の倍数にでき，また1つだけになる様にしているのだ（上の～～部が999の倍数の時は，000と999の2つが出てくる）．だから，○，△，□の位置だけに気をつければ，どんな数でも999の倍数は作れるのだ．

例えば，1○1△1111□を999の倍数にしたいときは，3けたずつ区切って和をとると，$1○1+△11+11□=222+△○□$ が999の倍数になるから，

△○□$=777$

諸君もいろいろな問題を作って，友達に出してみたらどうかな．

○ 整数

問題 7

37, 38, 39 の倍数をつくる

次のような条件に合う整数の中で，最も小さいものを求めなさい．
条件：37 の倍数で，下 2 けたが 37 で，しかも，各けたの数字の和が 37 になる数

余裕のある方は，37 を 38, 39 に変えた場合についても考えてください．

この問題には 44 通のレポートが届いた．
正解者は 41 名で，38, 39 の場合も正解を見つけた人はそのうちの 18 名だった．

それではさっそくレポートを紹介しよう．

（藤原文麗君（大阪教育大附池田小 2 年）のレポートより）

まず，下 2 けたが 37 になるので，
　　……□□□37
という数になり，そして，各けたの和が 37 になるというのだから，
37−(3+7)=27 より，3 けた目以降の各けたの数字の和は 27 になる．
　各けたで一番大きな 9 という数字を 3 つ使うと，99937 と 5 けたの数になる．
37 で割ってみると，
　　99937÷37=2701
と割り切れる．
　5 けたの 99937 が作れる最も小さい数だから，この **99937** が答え．
　次に 39 の場合も同じように考えて，99939 を 39 で割ってみると割り切れない．5 けたではもう無理だから，6 けたにして，上 1 けた目を 1 にして小さいものから順に 39 で割り切れるか調べると，189939 は割り切れず，198939 では，

$198939 \div 39 = 5101$

と割り切れた．

よって，**198939** が 39 の場合の答え．

最後に，38 の場合．

37，39 と同様に，3 けた目以降の各けたの和は 27 になる．99938 を 38 で割ると割り切れないので，1 つけたを増やして，以下のように上 4 けたの和が 27 になるような数を小さい順に 38 で割り切れるかどうか調べていく．

189938……×	387938……×
198938……×	388838……×
199838……×	389738……×
279938……×	396938……×
288938……×	397838……×
289838……×	398738……×
297938……×	399638……×
298838……×	459938……×
299738……×	468938……×
369938……×	469838……×
378938……×	477938……×
379838……×	$478838 \div 38 = 12601$

以上より，答えは，**478838**

*　　　　　　　　　*

この解き方は，しらみつぶしに調べて正解を見つけようという方法だ．

37，39 の場合はあっさりと正解を見つけることができたけど，38 の場合になるととたんに大変になり，見落としのないように調べるのは苦労する．また 6 けただと計算も大変だ．

そこで，6 けたではなく，下 2 けたを除いた 4 けただけを考えて計算を減らそうと考えた解き方も紹介しよう．

> 諸江佳樹君（立教小 6 年）のレポートより

38 の場合．

下 2 けたが 38 ということは，下 2 けたを除いた数が 38 で割り切れれば，も

との，□□□38 も 38 で割り切れる．そして，38＝2×19 なので，下 2 けたを除いた数は 19 の倍数になるはずだ．
　そこで，各けたの和が 27 になる数を小さいものから順に 19 で割り切れるかどうか調べると，

　　1899……×　　　2898……×　　　3789……×
　　1989……×　　　2979……×　　　3798……×
　　1998……×　　　2988……×　　　　　 ⋮
　　2799……×　　　2997……×
　　2889……×　　　3699……×　　　4698……×
　　　　　　　　　　　　　　　　　　4788÷19＝252

　よって，答えは，**478838**

　　　　　　　　　　*　　　　　　　　　　*

　このように下 2 けたを除いて考えると，計算も楽になって良い．さらに，38 ではなく，19 で割り切れるかどうかを調べようとしているのも良い．ちなみに，39 の場合では，13 で割り切れるかどうかを調べることになる．
　では，もっと楽な方法はないのだろうか．
　そこで，下 2 けたを除いた各けたの和が 27 であることに着目すると，次の解き方になる．各けたの和が 27，つまり 9 の倍数になることを使うのだ．

横田知之君（暁星小 6 年）のレポートより

　37 の場合．
　下 2 けたを除いた各けたの和は 27 なので，下 2 けたを除いた数は，37 の倍数かつ，9 の倍数でもある．つまり，37 と 9 の最小公倍数 37×9＝333 の倍数．
　333×1，×2，×3，…と調べると，333×3＝999 で各けたの和が初めて 27 になる．
　よって，答えは，**99937**
　38 の場合も同様に考えると，下 2 けたを除いた数は，38 の倍数かつ，9 の倍数，つまり，38 と 9 の最小公倍数 38×9＝342 の倍数．
　調べていくと，342×14＝4788 で各けたの和が初めて 27 になる．
　よって，答えは，**478838**
　39 の場合は，39 の倍数かつ 9 の倍数なので，39 と 9 の最小公倍数

13×9＝117 の倍数．

調べていくと，117×17＝1989 で各けたの和が初めて 27 になる．

よって，答えは，**198939**

*　　　　　　　　*

38 の場合を，38 と 9 の最小公倍数の 342 の倍数で考えているけど，19 と 9 の最小公倍数の 171 の倍数で考えればよいこともわかるだろう．

さて，37，38，39 の場合は条件にあう数を作り出すことができたけど，他の数だとどうだろうか．あらゆる数で可能なのか，または作り出せないような数があるのだろうか，気になるところだ．

まず 1 けたの数の場合は，その数自身が答えになるのでいいだろう．では 2 けたの数の時はどうだろうか．

まず，10 の場合．これは簡単に答え，910 が見つかる．

では，11 の場合は？

そこで，11 の倍数になる条件を思い出すと，（偶数けたの和）と（奇数けたの和）の差が 0 または 11 の倍数になることだった．

今，すべてのけたの和は 11 なので，この 2 つの差が 0 になることはありえない．（11 は奇数だから）

また，差が 11 になるには，どちらかが 11 で，一方が 0 の場合しかない．ところが下 2 けたが 11 なので，これも不可能．というわけで 11 の場合は無理なのだ．

ところが，11 を除いた他の数は，どれも条件にあう数を作り出すことができる．できないのは 11 だけなのだ．諸君もいろいろな数で試してみてくれ．

● 整数

問題 8

0，1，2で9けたの平方数をつくる

0，1，2をそれぞれ3個ずつ使って9けたの数を作る。その9けたの数がある数Nの平方数（$N \times N$）になるような9けたの数とNの値を探してください．

余裕のある人は，最も大きなNの値も調べてみてください．

この問題への応募者は29名．見事に全員が正解を発見していた．この問題は，閃くとそれほど苦労せずに，正解にたどりつける．実際に，多くの諸君がその方法で正解を出していた．まずは，その方法を説明していこう．

まず，$N \times N$が9けたの数になるということは，Nの値は5けたの数である．さらに9けたの数の上1けた目は1か2なので，Nの5けた目の数は1しかない．

さて，ここで$11 \times 11 = 121$に気がつくと，この11をNの5けたの中に組み入れてみようと思いつく．そこで，10011，10110で計算してみると見事に問題にある9けたの数になる．

さらに，Nの上2けたを11にして残る3つのけたを考えてみる．

各けたは0か1であろうと予想すると，11001，11010の2つが正解のNの値になることがわかる．

この方法のポイントは$11 \times 11 = 121$に気づくこと．そして，この11×11をもとにしてNの各けたが0か1であろうと推測するところだ．実はまだあるが…．

ところで，問題での9けたの数の各けたの和は，0，1，2を3個ずつ使うことから，$(0+1+2) \times 3 = 9$である．各けたの和が9の倍数ならば，もとの数は9の倍数である．ということは，問題での9けたの数は9の倍数になる．$N \times N$が9の倍数になるということは，Nは3の倍数ということだ．

0，1，2で9けたの平方数をつくる

　Nが3の倍数になることと，各けたが0か1であろうという予想を組み合わせると，さらに簡単に正解を発見できる．ではその方法も紹介しよう．

　Nは5けたで上1けた目は1なので，10000をもとにして考えていく．Nが3の倍数になるには，Nの各けたの和が3の倍数になればいい．そしてNの各けたは0か1だとすると，10000の4つの0のうち2つを1にすればNは3の倍数になる．また，Nが3の倍数になるのはこの場合だけだ．

　11100，11010，11001，10110，10101，10011

の6通りが考えられるが，計算すると，11100と10101の場合はダメだから，残る4つが答えとなる．

　　121220100　（11010×11010）
　　121022001　（11001×11001）
　　102212100　（10110×10110）
　　100220121　（10011×10011）

＊　　　　　　　＊

　これでこの問題は終わり，というわけにはもちろんいかない．答えは上の4つだけで，最も大きなNの値は11010でした，という結果では諸君も納得がいかないだろう．この問題のすばらしいところは，あっと驚くような結末（答え）が用意されているところなのだ．それでは，話を進めていくことにしよう．

　上の4つ以外にもNの値があるとすれば，それはNの各けたが0と1だけではないものである．0と1だけなら，上の4つしかない．というわけで，Nの各けたの数が0か1であるという予想をはずして，この問題を考えることにしよう．

　9けたの数の上1けた目は1か2であるので，その2つの場合について考えられる9けたの数の大きさを見ていくことにする．

　まず，上1けた目が1の時は，作れる9けたの数のうち最も小さい数は，100011222，最も大きな数は，122211000である．

　すると，$N×N$は，100011222以上122211000以下となる．電卓を使って計算すると，Nの値は，10001以上11054以下となる．

　次に9けたの数の上1けた目が2の場合も同じように考えると，$N×N$は，

200011122以上222111000以下となる．やはり電卓を使って計算すると，Nは，14143以上14903以下となる．

まとめると，Nは，10001〜11054，または14143〜14903の値ということになる．

今度はNの下1けたに着目しよう．9けたの数の下1けた目は，0，1，2のどれかであるが，$N \times N$の下1けた目は2になることはないから，0か1である．

$N \times N$の下1けた目が0だとすると，Nの下1けた目も0になる．$N \times N$の下1けた目が1の場合は，Nの下1けた目は1または9でなければならない．

まとめると，Nの下1けた目は，0，1，9のどれかとなる．

Nの下1けた目がわかったところで，さらに下2けたまで考えてみよう．$N \times N$の下2けたは，Nの下2けただけで決まる．3けた目以降は，$N \times N$の下2けたには影響しないからだ．

$N \times N$の下1けた目は0か1なので，まずは1の場合を考えてみよう，Nの下1けた目は1か9なので，

　　01，11，21，31，41，51，61，71，81，91，
　　09，19，29，39，49，59，69，79，89，99

の20個の2乗（$A \times A$）を計算して，その下2けたが，01，11，21になるものをさがす．計算してみると，

　　01，11，51，61，39，49，89，99

の8個になる．

Nの下1けた目が0の場合は，$N \times N$の下2けた目は00と決まる．だから，問題文を

「0を1個，1，2を3個ずつ使う7けたの数が平方数になるような——」

と言いかえることができる．

言いかえた問題ではNは4けたになる．この4けたのNに，最後0のけたを加えれば元の問題の答えになるわけだ．そして，0の個数が1個になったので，$N \times N$の下1けた目が0である可能性もなくなり（0だと下2けた目も0になる），Nの下1けた目は1か9となる．

60

0, 1, 2で9けたの平方数をつくる

ということは，この新しい問題でも，Nの下2けたはさっき調べた8個のどれかとなる．

元の問題にもどすには，最後に0のけたを加えればいいので，元のNの下3けたは，

  010, 110, 510, 610, 390, 490, 890, 990

となる．さらに，Nは，10001～11054，14143～14903だから，Nの上2けたは，

    10, 11, 14

のどれかである．

そしてさらに，Nは3の倍数なので，各けたの和が3の倍数になるような上2けたと下2けたの組み合わせを調べ，Nの範囲内にあるものは，

  11010, 10110, 14610, 14490, 10890

の5通り．

$N×N$を計算して，条件にあうものは，

   11010, 10110 の2つ．

これで，Nの下1けた目が0の場合は調べつくしたことになる．

残るは，下2けたが，01, 11, 51, 61, 39, 49, 89, 99で，上2けたが，10, 11, 14の組み合わせの24通りだ．この時，Nのまん中のけた（3けた目）は，Nが3の倍数になるように選ぶことになる．これは自分で調べてみてくれ．最初の答え以外にあっと驚くもの（最大の$N=14499$）が見つかるはずだ．

● 整数

問題 9
項が整数の等比数列

$$1, \quad 3, \quad 9, \quad 27, \quad 81, \quad 243, \cdots\cdots$$
$$\times 3 \quad \times 3 \quad \times 3 \quad \times 3 \quad \times 3$$

のように常に前の数に同じ数をかける（この例では3）という規則で並んだ数の列を「等比数列」という．また1つ1つの数のことを「項」という．

さて，すべての項が710以上1998以下の整数であるような等比数列を作る．そして，この等比数列をできるだけ長く（できるだけ項数を多く）したい．

例） 710 1420 ×　　　項数2
　　　　×2　×2

　　　800 1200 1800 ×　　　項数3
　　　　×3/2　×3/2

最も長い等比数列を見つけてください．
余裕があれば，7100以上19980以下の整数でも考えてみてください．

この問題には24通のレポートが届いた．正解者は21名と出来もよかった．また7100以上19980以下の場合も正解した人は15名だった．
　何人かの人が指摘していた通り，この問題は以前算数オリンピックで出題された問題をちょっと変えて出したものだ．その時の範囲は3けたの整数だった．そして当然ヒントはなしだったけど，今回はヒントでかける数（公比という）が分数であることがわかっていたのでやりやすかっただろう．

項が整数の等比数列

西本将樹君（本山第一小6年）のレポートより

公比（かける数）を $\dfrac{b}{a}$ とする．

$b\cdots\cdots a$ よりも大きくする．そしてできるだけ小さくすべき．

そこで，$b=a+1$ として，

公比… $\dfrac{3}{2}$, $\dfrac{4}{3}$, $\dfrac{5}{4}$, $\dfrac{6}{5}$, $\dfrac{7}{6}$, $\dfrac{8}{7}$, …… と調べて行く．

例）で項数3のものがあるので，項数4以上のものを探す．

・公比 $\dfrac{3}{2}$ のとき．

$$\square \xrightarrow{\times\frac{3}{2}} \square \xrightarrow{\times\frac{3}{2}} \square \xrightarrow{\times\frac{3}{2}} \square$$
$$\times \dfrac{27}{8}$$

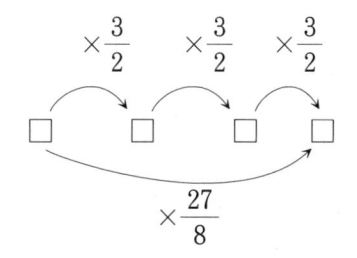

$\dfrac{3}{2}$ を3回かけても整数となるには，最初の項は8の倍数でなければならない．範囲内で最も小さい8の倍数は712． 　　712→1068→1602→×

よって，公比 $\dfrac{3}{2}$ のとき最大の項数は3

・公比 $\dfrac{4}{3}$ のとき．

同じ様に考えると，最初の項は27の倍数でないといけない．最も小さい27の倍数は，729． 　　729→972→1296→1728→×

項数は4．

項数が5になるには，最初の項が81の倍数で調べればよい．この場合も最初は729．すると項数5は無理なので，公比が $\dfrac{4}{3}$ のとき，最大の項数は4

整数

・公比 $\dfrac{5}{4}$ のとき.

同様に，項数 4 になるには最初の項は 64 の倍数にならなければならない．範囲内で最も小さい数は，768.

768→960→1200→1500→1875→×　　項数は 5.

項数 6 が可能かどうかは，最初の項が 512 の倍数で調べればよい．ところが，

1024→1280→1600→×

で無理．よって，公比 $\dfrac{5}{4}$ のとき，最大の項数は 5

これからは，項数 6 が可能かどうか調べて行く．

・公比 $\dfrac{6}{5}$ のとき.

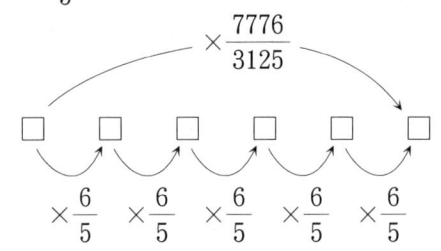

$$\square \quad \square \quad \square \quad \square \quad \square \quad \square$$

（×$\dfrac{7776}{3125}$，各項×$\dfrac{6}{5}$）

最初の項は 3125 の倍数でなければならない．これは無理．

以下 $\dfrac{7}{6}$, $\dfrac{8}{7}$, …… の場合も項数 6 の条件で考えると，最初の項がすでに範囲をこえてしまい無理．

よって，答えは，　　　768→960→1200→1500→1875

*　　　　　　　　*

さて，正解の数列だけど，公比を $\dfrac{4}{5}$ にして，大きい方から小さい方に逆にしたものも，もちろん正解だ．項数 5 になる数列はこれ以外にはない．

この問題のポイントは，公比をどのように選ぶかという点だ．

公比 $\dfrac{b}{a}$ ($a<b$) で，整数の項が N 個あるとすると，この N 番目の項は，

$\dfrac{b}{a}$ の分子 b を $(N-1)$ 回かけた，$\underbrace{b \times b \times \cdots \times b}_{N-1 \text{個}}$ の倍数になっている．

できるだけ項数を多くする（N を大きくする）には，b を小さくしないといけない．考えられる最も小さい b は，$a+1$ になるわけだ．

その一方で，公比はできるだけ 1 に近いものの方がいい．$\dfrac{3}{2}$ 倍ずつ大きくなるよりも $\dfrac{11}{10}$ 倍ずつ大きくなる方がたくさんの項数が得られる．

つまり，a はできるだけ大きい方が具合がいい．しかし，$b = a+1$ は小さくしなければならない．この 2 つのバランスをうまくとるのがこの問題の面白いところだ．

2 問目では，710 以上 1998 以下という範囲をそれぞれ 10 倍ずつして，7100 以上 19980 以下と範囲を広げてみた．範囲が広くなったのだから，当然より多くの項数をもつ数列が作れるはずだ．そこで，6 個の項数ができるかどうかで，まずは調べてみよう．

さきほどの考え方でいくと，公比を $\dfrac{8}{7}$ にすると 6 番目の項は，$8 \times 8 \times 8 \times 8 \times 8 = 32768$ の倍数になり，19980 をこえてしまうので，公比は $\dfrac{7}{6}, \dfrac{6}{5}, \dfrac{5}{4}, \dfrac{4}{3}, \dfrac{3}{2}$ の 5 つを調べればよい．

ところが，$7100 \times \dfrac{5}{4} \times \dfrac{5}{4} \times \dfrac{5}{4} \times \dfrac{5}{4} \times \dfrac{5}{4}$ は 19980 をこえてしまうので，$\dfrac{5}{4}, \dfrac{4}{3}, \dfrac{3}{2}$ では項数 6 は作れないことになる．

よって，調べるのは，$\dfrac{7}{6}$ と $\dfrac{6}{5}$ の 2 つ．

この 2 つを調べてみると，$\dfrac{7}{6}$ の場合に項数 6 が可能になる．数列は，

　　7776, 9072, 10584, 12348, 14406, 16807

7 個以上の項数は作れないので，これが答えになる．また，項数 6 になるのは，この数列と，その逆のものしかない．諸君も色々な範囲で調べてみてくれ．

整数

問題 10
回文数

1234321という数のように逆から読んでも，もとの数と一致する数を回文数と呼ぶことにする．（例：54245, 998899, …）

また，もとの数をひっくり返した数を裏数と呼ぶことにする．
（例：523→325, 790→97, …）

さて，ある数とその裏数との和を考える．そして，その和が回文数になるまで裏数との和をとり，何回で回文数になるかを調べる．

（例：67の場合，67＋76＝143（1回）
　　　143＋341＝484 …回文数（2回））

2けたの整数（10～99）の中で，回文数になるまでの和をとる回数が最も多いのはどの整数だろうか．それとも，何回和をとっても回文数にならない整数があるのだろうか．

　この問題には15通のレポートが届いた．そして正解者は6名だった．この問題は，計算さえすれば答えにたどり着ける問題だった．2けたの整数は10～99までの90個だから，根気よく計算すれば誰でも正解できたはずだ．さらに，90個のうち，14や36のように十の位と一の位の2数の和が9以下のものは1回で回文数になるし，その裏数の場合も同じことなので，さらに調べる個数を減らすことができる．計算すればいいだけの問題に15通しかレポートが届かなかったのはとても悲しい．また，ねばり強く，そして正確に計算するという中学入試に必要とされていることができずに，正解者が6名だったのも残念だ．

百枝雅裕君（愛日小6年）のレポートより

　まず，2けたの整数の十の位と一の位の2数の和に注目し，この和によって2けたの整数を18種類のグループに分ける．そして，同じグループの数は裏数との和をとると，すべて同じ数になる．例えば，十の位と一の位の和が11

の場合（29, 38, 47, 56, …）は，裏数との和は，どれも 121.

18 種類のうち，十の位と一の位の和が 9 以下のものは 1 回で回文数になるので，10～18 の 9 種類の場合を調べる.

① 十の位と一の位の和が 10.（19, 28, 37, …, 82, 91）
　　100＋10＝110
　　110＋11＝121
　2 回で回文数になる.

② 十の位と一の位の和が 11.（29, 38, 47, …, 83, 92）
　　110＋11＝121
　1 回で回文数になる.

③ 十の位と一の位の和が 12.（39, 48, 57, …, 84, 93）
　　120＋12＝132
　　132＋231＝363
　2 回で回文数になる.

④ 十の位と一の位の和が 13.（49, 58, 67, 76, 85, 94）
　　130＋13＝143
　　143＋341＝484
　2 回で回文数になる.

⑤ 十の位と一の位の和が 14.（59, 68, 77, 86, 95）
　　140＋14＝154
　　154＋451＝605
　　605＋506＝1111
　3 回で回文数になる.

⑥ 十の位と一の位の和が 15.（69, 78, 87, 96）
　　150＋15＝165
　　165＋561＝726
　　726＋627＝1353
　　1353＋3531＝4884
　4 回で回文数.

⑦ 十の位と一の位の和が 16.（79, 88, 97）
　　160＋16＝176

整数

176＋671＝847
847＋748＝1595
1595＋5951＝7546
7546＋6457＝14003
14003＋30041＝44044

6回で回文数.

⑧ 十の位と一の位の和が17.（89, 98）
表にすると,

もとの数	裏数	和
89	98	187
187	781	968
968	869	1837
1837	7381	9218
9218	8129	17347
17347	74371	91718
91718	81719	173437
173437	734371	907808
907808	808709	1716517
1716517	7156171	8872688
8872688	8862788	17735476
17735476	67453771	85189247
85189247	74298158	159487405
159487405	504784951	664272356
664272356	653272466	1317544822
1317544822	2284457131	3602001953
3602001953	3591002063	7193004016
7193004016	6104003917	13297007933
13297007933	33970079231	47267087164
47267087164	46178076274	93445163438
93445163438	83436154439	176881317877
176881317877	778713188671	955594506548
955594506548	845605495559	1801200002107
1801200002107	7012000021081	8813200023188

24回で回文数になる.

⑨ 十の位と一の位の和が18.
　もとの数は99なので，すでに回文数である．一応裏数との和を調べてみる

と，

  $180+18=198$
  $198+891=1089$
  $1089+9801=10890$
  $10890+9801=20691$
  $20691+19602=40293$
  $40293+39204=79497$

6回でまた回文数になる．

以上の結果から，回文数になるまで，和をとる回数が最も多いのは，89 と 98 で，**24 回**で回文数になる．さらに，2けたの整数で，**何回和をとっても回文数にならないものはない**．

      ＊   ＊

 どうかな．十の位と一の位の和が 17 の場合がかなり大変だけど，根気よく計算していくと，回文数になってくれる．

 レポートを送ってくれたほとんどの人が，89（または 98）があやしいことに気がついていたのだけど，途中でやめてしまったり，計算ミスなどがあり，正解にたどり着いたのは 6 名だけだった．

 この問題はある本で見つけたものだけど，その本には，2けたにかぎらずすべての整数で，裏数との和を繰り返せば必ず回文数になる，と書いてあった．本当にそうなのか疑問に思っていろいろと調べてみると，1けた増えた 3 けたの場合で回文数にならないものが出てきた．196 という数をコンピュータを使って 2 万回，和をとり続けたけど，回文数にはなってくれない．

 厳密な証明はできないけど，すべての整数で可能というわけにはいかないようだ．

整数

問題 11
$N-1$ を N の3個の約数の和で表す

3, 4, 6 はどれも 1 引いた数を，もとの数の 2 つの約数の和として表せる．

$3-1=1+1,\ 4-1=1+2,\ 6-1=2+3$

では，1 引いた数がもとの数の 3 つの約数の和（同じ数を 2 回以上たしてもよい）として表せるものはいくつあるだろうか．考えられる数をすべて求めてください．

余裕のある人，は 4 つの約数の和の場合も考えてみてください．

この問題の応募者数は何とたった 2 名．**横田知之君（暁星小 5 年）**のレポートは本当に素晴らしい内容で，すべての数を発見していた．もう一通の**二宮将章君（和白東小 6 年）**はすべての答えは発見できてなかったけど，僕の期待していたレポートだった．すべては発見できなかったけど，自分で発見することができた答えを書いて送ってくれた．完全に解けなかったり，自信がないからレポートは出さないのではなく，逆に自分はこれだけ頑張ったということを示したレポートを送ってくれた二宮君をほめてあげたい．

では，まずこの問題の解説をして，その後に，たす約数の個数を増やすとどうなるのかも考えていこう．

まずは，ちょっと実際に調べてみよう．4, 6, 8, … と発見できるけど，さらに調べていくと，あることに気がつく．ほとんどの場合，3 つの約数のうちの 1 つに，もとの数の 2 分の 1 の約数が入っていることだ．では逆に，もとの数の 2 分の 1 の約数がないとどうなるのか，考えてみよう．

その前に考えやすくするために，ヒントにもあった様に，全体をもとの数で割って分数にして考えてみよう．もとの数を A，3 つの約数を a, b, c とすると，問題の式は， $A-1=a+b+c$

となる．この式の両辺を A で割ると，$\dfrac{A}{A}-\dfrac{1}{A}=\dfrac{a}{A}+\dfrac{b}{A}+\dfrac{c}{A}$

となる．$\dfrac{a}{A}$, $\dfrac{b}{A}$, $\dfrac{c}{A}$ はどれも約分できて，分子が 1 になるから，上の式は次のように書ける．　　$1-\dfrac{1}{A}=\dfrac{1}{\bigcirc}+\dfrac{1}{\square}+\dfrac{1}{\times}$ …………………………①

　2 分の 1 の大きさの約数がないのなら，a, b, c の 3 つのうちの最大の約数はもとの数の 3 分の 1 以下の数になる．そして①の右辺の 3 つの和を考えてみると，$\dfrac{1}{3}+\dfrac{1}{3}+\dfrac{1}{3}$ ではもとの数になってしまうので，考えられる最大の 3 つの和は，$\dfrac{1}{3}+\dfrac{1}{3}+\dfrac{1}{4}=\dfrac{11}{12}$，つまり，もとの数の $\dfrac{11}{12}$ 倍になる．もとの数との差は $\dfrac{1}{12}$ 倍．これが①の式の $\dfrac{1}{A}$ よりも大きくなってしまうとダメなので，もとの数 A は 12 以下になる．つまり，3 つの約数がすべて，もとの数の 3 分の 1 以下の場合は，12 以下の数を調べればいいのだ．

　最大の約数がもとの数の 3 分の 1 以下の時はこれで O.K.

　残るは，最大の約数がもとの数の $\dfrac{1}{2}$ の時の場合だ．

　2 番目に大きい約数も，もとの数の $\dfrac{1}{2}$ だと①の式が成り立たなくなるから，2 番目に大きな約数は 3 分の 1 以下になる．では，この 2 番目に大きな約数で，以下のように場合分けをして考えていこう．

　　（1）　$\dfrac{1}{2}+\dfrac{1}{3}+\dfrac{1}{\triangle}$　　（2）　$\dfrac{1}{2}+\dfrac{1}{4}+\dfrac{1}{\triangle}$　　（3）　$\dfrac{1}{2}+\dfrac{1}{5}+\dfrac{1}{\triangle}$

（1）　2, 3 をともに約数にもつ数は $6\times t$ と書ける．そこで①の式の両辺を $6\times t$ 倍すると，　　　　$6\times t-1=3\times t+2\times t+\bigcirc$

となる．$\bigcirc$ の部分は，両辺を見くらべると，$t-1$

　すると，この $t-1$ は，もとの数 $6\times t$ の約数になる．さらに考えると，$t-1$ と t の最大公約数は必ず 1 だから，つまり $t-1$ は 6 の約数になる．これを満たす t は，2, 3, 4, 7 の 4 通り．

もとの数 $6 \times t$ に順にあてはめると，答えは 12, 18, 24, 42

（2）（1）と同様に，今度は，$4 \times t$ をかければいい．
$$4 \times t - 1 = 2 \times t + t + \bigcirc$$
$\bigcirc$ は，$t-1$ になり，この $t-1$ は 4 の約数となる．

よって，t は，2, 3, 5. 順にあてはめると，もとの数は，8, 12, 20

（3）今回も同じ様に…といきたいがちょっと考えてみよう．2 番目に大きなものを 5 としたのだから，$\dfrac{1}{\triangle}$ は当然 $\dfrac{1}{5}$ 以下になる．すると，①の右辺は，
$$\dfrac{1}{2} + \dfrac{1}{5} + \dfrac{1}{5} = \dfrac{9}{10}$$

つまり最大でも右辺は $\dfrac{9}{10}$ にしかならないということだ．ということは，$\dfrac{1}{A}$ は，$\dfrac{1}{10}$ 以上にならないといけない．つまり A は 10 以下なのだ．

これは 2 番目に大きな約数がもとの数の 5 分の 1 の場合だけでなく，5 分の 1 以下の場合にも成り立つ．だから，場合分けは上の 3 つでいいのだ．10 以下の数を調べると，10 のみが（3）の場合にあてはまる数になる．

以上ですべての場合を調べたことになる，初めの 12 以下の場合も調べて，答えを整理すると，　　4, 6, 8, 10, 12, 18, 20, 24, 42

以上 9 つが答えだ．大変だったけど，見事に全部発見できた．

　　　　　　　　　　　　　＊　　　　　　　　＊

このような問題は，古代エジプトの時代から研究されてきた．分子が 1 の分数を使っていろいろな問題が考えられた．そのうちの 1 つを紹介しよう．

分子が 1 で，分母が整数の分数をいくつかたして，1 より小さくて，しかも 1 に最も近い数を考える．

では，この和は限りなく 1 に近づけるのだろうか？

例えば 100 個の分数の場合はどうか？

たくさんの分数を使う場合を考えると，うまくやればどんどん 1 に近い数を作れそうな気がする．しかし，実はこれには限界があるのだ．つまり何個でやっても，必ずこれ以上は近づけないという数がある．しかもこの数は，以下の簡単な方法で発見できる．

$N-1$ を N の3個の約数の和で表す

まず1個の分子1の分数を考えると，当然，最も1に近いのは $\frac{1}{2}$

では2個では？ $\frac{1}{2}+\frac{1}{2}$ では1になってしまうから，$\frac{1}{2}$ より小さい最大の分子1の分数 $\frac{1}{3}$ にすればいい．$\frac{1}{2}+\frac{1}{3}=\frac{5}{6}$

では，3個では？

同じ様に $\frac{1}{6}$ より小さくて最も大きい $\frac{1}{7}$ をさらに加えて，$\frac{5}{6}+\frac{1}{7}=\frac{41}{42}$

4個では，$\frac{1}{43}$ を加える．5個ではさらに，$\frac{1}{1807}$ を加える．……

というように簡単に作れるのだ．

1922年にアメリカのカーティスという人が，この方法よりも大きな数は作れないことを証明した．この問題は今回の問題に深い関係がある．①の式を見てくれ．このカーティスの定理から①の右辺は，最も大きくても $\frac{41}{42}$ にしかならない．

ということは，A は42以下となるのだ．つまり3個の場合は42以下の数を調べつくせばいいことになる．

では4個の場合は？

同様に，①の右辺は $\frac{1805}{1806}$ 以下だから，A は1806以下になるのだ．1806まで自分の手で調べるのは大変だから，解説した方法で調べるのがいい．コンピューターを使うのも結構．横田君は，実際に調べてくれた．

5, 6, 8, 9, 10, 12, 14, 15, 16, 18, 20, 21, 24, 28, 30, 36, 40, 42, 45, 48, 54, 60, 70, 72, 78, 84, 90, 96, 100, 110, 120, 126, 140, 156, 168, 180, 216, 220, 240, 294, 312, 336, 342, 420, 600, 630, 924, 1806

ところで，このカーティスの定理から，約数何個の和であっても，必ず答えは有限個しかない（いくらでもたくさんあるわけではない）ことになる．

● 規則性

問題 1
数の三角形

```
1   2   3   4
  3   5   7
    8   12
      20
```

のようなものを '数の三角形' と呼ぶ．

では，上の列に 0，1，2，…，9 がウマイ順番に並んでいて，下の頂点には 1999 がある '数の三角形' を作ってみてください．

この問題には，11 通のレポートが届き，見事全員正解だった．

ではさっそく問題を考えていこう．

まずヒントにあったように，問題文の例において 20 に到着するまでに 1〜4 はそれぞれ何回ずつ加えられたのかを調べてみよう．

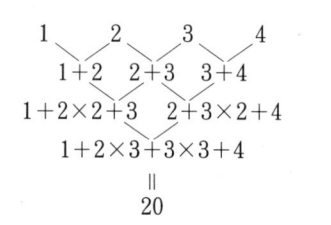

```
1       2       3       4
  1+2     2+3     3+4
  1+2×2+3   2+3×2+4
    1+2×3+3×3+4
         ‖
         20
```

左図を見るとわかるように，1 は 1 回，2 は 3 回，3 は 3 回，4 は 1 回となっている．

ここでよく図を見てみるとあることに気がつく．

各数字が加えられた回数は，そこから下の頂点 20 までへの行き方の場合の数と等しい，ということだ．

そこで，今度は逆に下の頂点から出発して各数字への行き方が何通りずつあるのかを図に書きこんでみる（右図）．

```
1   3   3   1
  1   2   1
    1   1
      1
```

この三角形を見てピンとくる人もいるだろう．上下が逆になっているけど，これはまさにパスカルの三角形だ．

このパスカルの三角形を用いて 10 個の数が並ぶ場合を調べると，

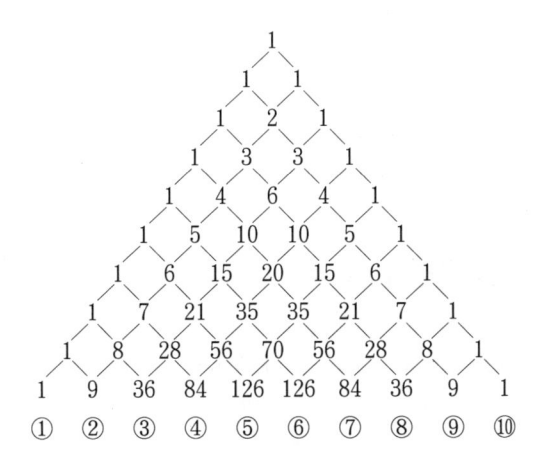

```
                    1
                  1   1
                1   2   1
              1   3   3   1
            1   4   6   4   1
          1   5  10  10   5   1
        1   6  15  20  15   6   1
      1   7  21  35  35  21   7   1
    1   8  28  56  70  56  28   8   1
  1   9  36  84 126 126  84  36   9   1
  ①   ②   ③   ④   ⑤   ⑥   ⑦   ⑧   ⑨   ⑩
```

となる．そして，各位置を上のように①〜⑩とすると，

　　①＋②×9＋③×36＋④×84＋⑤×126
　　　＋⑥×126＋⑦×84＋⑧×36＋⑨×9＋⑩
　＝1999

となる．整理すると，

　　(①＋⑩)＋9×(②＋⑨)＋36×(③＋⑧)＋84×(④＋⑦)＋126×(⑤＋⑥)
　＝1999

そして，

　　①＋⑩＝A，②＋⑨＝B，③＋⑧＝C，④＋⑦＝D，⑤＋⑥＝E

とおくと，この式は，

　　$A+9\times B+36\times C+84\times D+126\times E=1999$ ……………………(☆)

となる．

さらに，①〜⑩の和は0〜9の和の45に等しいので，

　　$A+B+C+D+E=45$ ………………………………………………(＊)

となる．

この2つの式が成り立つようなA〜Eの値をさがせばいい．

さがせばいいって言われてもどうすればいいんだ？　数をあてはめてうまくいくまで調べるしかなさそうだ．もちろんしっかりと調べることもできるのだけど，それは高校生ぐらいでないと無理だ．ではどうしようか．ここは素直に考えてみよう．色々と考える前に，まず素直に0〜9をこの順番のままに並べ

● 規則性

ていくつになるか調べてみる．
　0，1，2，…，9 と並べると，A〜E はどれも 9 になるから，
　$9+9\times 9+36\times 9+84\times 9+126\times 9=2304$
で，1999 よりも 305 だけ大きくなる．そこで A〜E の値をうまく変えて 305 減らすことを考えてみる．
　E を 1 減らし A を 1 増やすと全体は，$126-1=125$ だけ小さくなる．
B〜D も同じように考えて結果をまとめてみると，
　E を 1 減らして，
　A を 1 増やす　⇒　全体，$126-1=125$ 減
　B を 1 増やす　⇒　全体，$126-9=117$ 減
　C を 1 増やす　⇒　全体，$126-36=90$ 減
　D を 1 増やす　⇒　全体，$126-84=42$ 減
　これらをうまく組み合わせて 305 減らしてみよう．
すぐに目につくのは，$125+90\times 2=305$ だ．
　この時は，$A=10$，$B=9$，$C=11$，$D=9$，$E=6$ となる．あとは 0〜9 をうまく組み合わせてこの数字を作る．
　　$C=11$　$A=10$　$B=9$　$D=9$　$E=6$
　　(2, 9)→(3, 7)→(1, 8)→(4, 5)→(0, 6)
　　　　　↘(4, 6)→(1, 8)→×
　　(3, 8)→(1, 9)→(2, 7)→(4, 5)→(0, 6)
　　　　　↘(4, 6)→(2, 7)→(0, 9)→(1, 5)
　　(4, 7)→(1, 9)→(3, 6)→×
　　　　　↘(2, 8)→(3, 6)→(0, 9)→(1, 5)
　　(5, 6)→(1, 9)→(2, 7)→×
　　　　　↘(2, 8)→(0, 9)→×
　　　　　↘(3, 7)→(1, 8)→(0, 9)→(2, 4)

　B と D の組は入れかわってもいいので全部で $5\times 2=10$（通り）もの答えが出てきた．そして，例えば，①と⑩に入る数字は入れかわってもいいけど本質的に同じ答えなので，①により小さい数字を入れることにする．②と⑨，③と⑧，④と⑦，⑤と⑥も同様にすると，①〜⑩の数字の並びが 1 つに決まる．この 10 通りのうち 1 つを書いてみると，

3, 1, 2, 4, 0, 6, 5, 9, 8, 7

となる．これが正解のうちの1つだ．

　全部で10個の答えを見つけたのだけど，当然これですべてというわけではない．ここではすべてを紹介しきれないので，考え方のヒントを述べておこう．

　(☆)と(＊)の2つの式の左辺どうし，右辺どうしを引き算してみると，
$$8\times B+35\times C+83\times D+125\times E=1954 \quad \cdots\cdots\cdots\cdots(\triangle)$$
となって，A がなくなる．調べるものが5つから4つになったので少しだけ楽になった．

　そして，この式では $125\times E$ の値を具体的に決めて考えてみる．ちなみに E が13以上の時には無理になる．そこで $E=12$ の時を調べてみよう．

　($\triangle$)に $E=12$ を入れて計算すると，
$$8\times B+35\times C+83\times D=454$$
　ここで $83\times D$ に着目すると，D は4以下になることがわかる．ここからは，$D=1$，2，3，4を実際に入れてみる．

　すると，$D=1$ の時だけ可能で，$A=16$，$B=7$，$C=9$ と決まる．そして各数字の組も，

$A=16$,　　$B=7$,　　$C=9$,　　$D=1$,　　$E=12$
(7, 9),　　(2, 5),　　(3, 6),　　(0, 1),　　(4, 8)

が見つかる．

　E が他の値の時も同じ様に調べればいい．みんな調べてみてくれ．ちなみにコンピュータで調べたところ，全部で76通りあった．

● 規則性

問題 2
団子を交互に取るときの必勝法

団子が 10 個ある．A 君と B 君は次の規則に従って団子を交互に取っていく．
- ① 毎回，少なくとも 1 個は取る
- ② 取れる個数は，前の人が取った個数の 2 倍以下
- ③ 1 回目にすべてを取ることはできない
- ④ 最後の団子を取った人が勝ち

A 君から取り始めるとすると，両者が最善をつくせばどちらが勝つだろうか．

また，13 個，20 個の時はどうか？

この問題には 16 通のレポートが届いた．10 個の場合の正解者は 9 名（ただし，答えだけがあっていても，考え方がちがっているものは，不正解にした）．そして，13 個，20 個の場合のすべてに正解した人は 2 名だけだった．

2 個の場合，3 個の場合，……と順に調べていけばいいのだけど，ただ地道に 20 個まで調べつくしていく方法では大変だし，途中でまちがってしまうかもしれない．実際，10 個の場合に正解した人の多くが 12 個の場合にまちがいをおかしてしまい，13 個で不正解になっている．逆に，正解だった 2 人は，今までに調べた結果をうまく使って考えていた．

具体的に言うと，後手必勝となる個数を目指して団子を取るように考えていくといいのだ．その時に注意しなければならないのは，②の条件だ．次の人が一気に残りすべての団子を取れる状態にならないように気をつけよう．12 個の時にはちょっとした落とし穴があるのだけど，その説明は後にして，まずはレポートを紹介しよう．

団子を交互に取るときの必勝法

片岡俊基君（山室山小2年）のレポートより

2個の時，3個の時はB君が勝つ．

4個の時は，A君が1個取れば，残り3個になる．3個では後手の勝ちなので，このときの後手，A君の勝ち．

5個の時．A君は2個以上取ると，②の条件より負けになるので，最初は1個取る．残り4個になり，先手になったB君の勝ち．

6個，7個の時．団子をそれぞれ1個と2個取って，残りちょうど5個にする．②の条件より，次のB君は5個すべては取れない．5個の時は後手の勝ちなので，この時の後手のA君の勝ち．

8個の時．3個以上取るとA君は負けるので，1個または2個取る．残りは，7個，6個の2通りがあるが，どちらでもB君の勝ち．

9個，**10個**，11個の時は，それぞれ1個，2個，3個をA君が取れば，残り8個となり，**A君の勝ち**になる．

12個の時は，残り8個の状態をA君は目指して，4個で考え，最初に1個取る．次にB君は②の条件より，1個か2個しか取れない．どちらを取っても，残り10個，9個になり，A君は残り8個でB君の番にできるから，12個の時はA君の勝ち．

13個の時．A君は最初に5個以上取ると負けるので，1～4個を取ることになる．しかしどのように取っても残り9～12個になり，9～12個では先手必勝なので，**B君の勝ち**になる．

同じ様に考えると，14～19個では，A君は最初に残りちょうど13個になるように団子を取り，次のB君は一度に残り13個を取れないのでA君の勝ち．

20個の時は，最初に7個は取れない．そこでA君は残り13個でB君の番の状態を目指して，まず7個で考える．A君は最初に2個取ることにする．7個で考えているので，残り5個と考えると，次にB君が取れる個数は1～4個（条件②）なので，最後の団子（7個目）をB君は取ることができない．残り5個は後手の勝ちになるから，この場合，A君は7個目の団子を取ることができる．つまり，A君は20個の団子で，7番目を取り，残り13個でB君の番の状態にすることができる．よって**20個の時，A君の勝ち**．

さて，2個から20個までの結果がでた．

● 規則性

団子の個数	2	3	4	5	6	7	8	9	10	11
勝利者	後	後	先	後	先	先	後	先	先	先
	12	13	14	15	16	17	18	19	20	21
	先	後	先	先	先	先	先	先	先	?

* *

ところで，12個の時に多くの人がはまってしまった落とし穴を説明しよう．

やはり，12個から残りちょうど8個の状態を目指すのだけど，②の条件よりA君は最初に4個を取ることはできない．すると取れるのは1～3個となる．残る団子は9～11個．これはどれも先手必勝となっている．つまりB君の勝ちになる．

あれ，おかしいぞ．12個は先手，A君の勝ちのはずだ．どこでまちがったのだろう．

まちがっているのは残り11個になった時だ．11個の先手必勝法は，まず3個を取ることだった．

残り11個になる時は，A君がまず1個だけを取った場合だ．ところが，次のB君は②の条件があって3個取ることができないのだ．

多くの人がこのことに気がつかず，12個では後手必勝としてしまったのだ．

さて，ずいぶんと先手必勝が多いが，逆に後手必勝になる時の団子の個数に着目してみると，

　　　2，3，5，8，13，……

何か規則性がありそうだ．

そう，この数列は，2+3=5，3+5=8，5+8=13，という具合に，どの数も直前にある2つの数の和になっている．すると，13の次にくる数字は，8+13=21，21がくるはずだ．

ちなみに，この数列はフィボナッチ数列と呼ばれている有名な数列だ．昔，フィボナッチという人がウサギの繁殖(はんしょく)の実験からこの数列を考え出したそうだけど，別にウサギの繁殖でなくても，この数列は僕たちの身のまわりに存在している．有名なのは，木の枝の毎年の本数についてのものだ．木の枝は毎年1本の新しい枝を出す．新しい枝は次の年にすぐに新しい枝を出すことはない

が，その次の年からは毎年1本ずつ新しい枝を出していく．

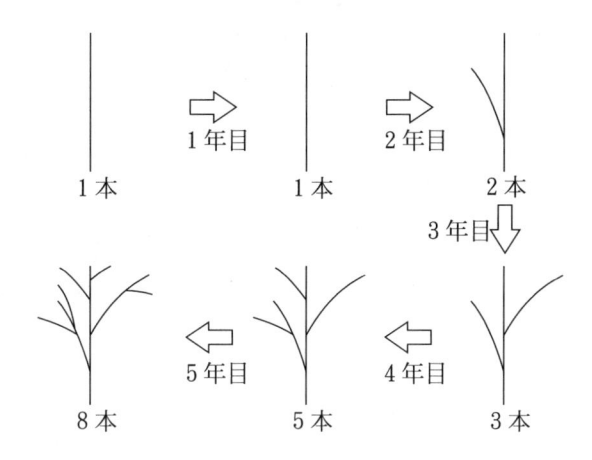

1本　⇨　1年目　1本　⇨　2年目　2本

3年目 ⇩

8本　⇦　5年目　5本　⇦　4年目　3本

　話をもとに戻そう．21個の時に本当に後手必勝になるのだろうか，ちょっと確かめてみよう．

　21＝8＋13と考える．

　○○○○○○○● | ○○○○○○○○○○○○○

　21個で後手必勝にするために，8個目の団子を後手（B君）が取って，残り13個でA君の番になるようにしたい．先手は最初に8個目までを一度に取ることはできない（取ると即負け）．すると8個では後手必勝だったので，8個目は必ず後手が取ることができる．よって残り13個でA君の番となり，13個では後手必勝なので，21個の時は，後手必勝．

　ところで，フィボナッチ数列，2，3，5，8，13，21，34，……の個数の時には必ず後手必勝になるけど，これ以外に後手必勝となる場合はないのだろうか？　実は，フィボナッチ数以外の時はすべて先手必勝，つまり後手は勝つことができないのだ．

● 規則性

問題 3
円上におかれた品物を3個ごとに取り出す

右の図のように円上に6つの品物がある。ある品物の上から出発して反時計回りに次の規則に従って動く。

出発地点を1番目として3番目の品物を外にけとばす。けとばした品物の次の品物を1番目として、3番目の品物をまた外にけとばす。さらに移動して、また3番目の品物を外にけとばす。そうして最後に残った品物がもらえる。

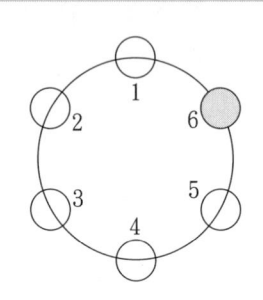

今、上の図で6番目の品物がほしいときは、この6番の品物の上から出発すればよい。けとばす品物は順に、2，5，3，1，4となり6番が残る。

数太郎君の家にサンタクロースがやってきて、プレゼントを243個、円上においた。

数太郎君のほしいプレゼントは6番目にある。

さて、上の規則に従ってプレゼントを選ぶとき、数太郎君が6番目のプレゼントをもらうためには、何番目におかれたプレゼントから出発すればいいだろうか。

この問題には10通のレポートが届いた。レポートの数が少なくて残念だったけど、半分近くが5年生以下だった。

では、この問題の解法を紹介しよう。

まず紹介する解き方は、243＝3×3×3×3×3に着目したものだ。3歩進んで品物をけとばすのだから、品物の個数が3の倍数の時は1周回ると、ちょうど出発した品物の上にもどってくる。そして、243は3で5回も割り切れるので

5周回った時にも，やはり出発した品物の上にいることになるのだ．

羽深宏樹君（桃園小6年）のレポートより

まず1番の品物の上から出発する時を考える．

1周目にけとばす品物の個数は，243÷3＝81(個) だから，残る品物の個数は，　　　　　　　　　243－81＝162(個)

そして，また1番目の品物の上にもどってくる．5周した時も1番目の品物の上にいるので，5周した時の残った品物の個数を求める．

2周目は，162÷3＝54(個) けとばすので，残りは，162－54＝108(個)
3周目は，108÷3＝36(個) けとばすので，残りは，108－36＝72(個)
4周目は，72÷3＝24(個) けとばすので，残りは，72－24＝48(個)
5周目は，48÷3＝16(個) けとばすので，残りは，48－16＝32(個)

32個の品物で1番目から出発すると，何番の品物が残るのかを地道に調べると，4番目が残った．

では，32個の品物での4番目にあたる品物が，243個では何番の品物だったのかを1周ずつさかのぼりながら調べていく．

48個の品物①～㊽で，③，⑥，⑨，…をけとばして1周すると，32個の品物が残るのだから，32個での品物での4番目の品物は，48個の品物での⑤にあたる．

　　　①，②，⑧，④，⑤，…
　　　　　　↑
　　　けとばされる

このように順に調べていく．

48個での5番目の品物は，72個での7番目．
72個での7番目は，108個での10番目．
108個での10番目は，162個での14番目．

そして，162個での14番目は，243個での20番目にあたる．

以上のことから，243個の品物の場合，1番から出発すると，20番目の品物がもらえることがわかった．

よって，もらえる品物は，出発点から19個進んだ品物になるので，6番の品物をもらうためには，6番から19個ずれた地点，

規則性

$243+6-19=$**230**(番)の品物から出発すればよい.

         *   *

この方法での正解者は3名.

 3の倍数個の品物の場合だと,1周してもとの位置にもどってくる.けとばす品物は全体の3分の1だから,残る品物は全体の3分の2になる.

 つまり,1周すると,$243=3\times3\times3\times3\times3$ の3が2になって,$3\times3\times3\times3\times2=162$(個)残る.

 3で割り切れなくなるまでこの方法を使うと,残る品物は,$2\times2\times2\times2\times2=32$(個)になるわけだ.

 では,もう1つの解き方も紹介しよう.

 今度は少ない個数から考えてみて,規則性を発見しようとしたものだ.

 1番から出発することにすると,品物の個数 n が6の時は1番が残る.$n=7$ の時は4番,$n=8$ の時は7番,…と品物の個数が1個増えると,もらえる品物の番号は3番ずつずれていく.$n=9$ の時は,$7+3=10$ となり,9を越えてしまうが,1周して1個進んだ,$9+1$ と考えて,1番目が残ることになる.

(大北尚永君(美旗小6年)のレポートより)

 上の規則に従って,次に残る品物を調べると,

品物の数	6	7	8	9	…	13	14	…	20	21	…	30	31	…	46
残る品物	1	4	7	1	…	13	2	…	20	2	…	29	1	…	46
	47	…	69	70	…	104	105	…	157	158	…	236	237	…	243
	2	…	68	1	…	103	1	…	157	2	…	236	2	…	20

 よって,243個の品物なら,20番の品物が残るので,6番の品物をもらうには,**230番**から出発すればよい.

         *   *

 この解き方の着目点は,品物が1個増えると,もらえる品物の番号が3増えている点だ.なぜそうなるのか.福島　稔君(琉球大附小6年)がちゃんと証明してくれたので紹介しよう.

 n 個の品物の時,1番から出発して k 番目の品物が残るとする.

 1個品物を増やして,$n+1$ 個の時を考えてみる.

円上におかれた品物を3個ごとに取り出す

　1番目から出発すると，最初にけとばすのは3番で，残る品物はn個になり，4番の品物の上にいる．n個の品物の時，本来k番が残るのだから，4番からはじまると考えると，この時，$k+3$番が残ることになる．よって，$n+1$個の時は，$k+3$番が残る．

　さて，この問題では，3で多く割り切れるように243個にしたけど，1998個にするとどうなるかも考えてみよう．$1998=2×3×3×3×37$だ．
　紹介した2つの解き方を使えばうまくいくだろう．
　まず，3を2にかえて，$2×2×2×2×37=592$となり，592個の場合を考えればいいことになる．
　この時，a番目が残るとしよう．
　3で多く割り切れるように，592個から2個増やして594個（$594=3×3×3×22$）とすると，残る品物の番号は，$a+3×2=a+6$(番目)となる．
　そして，さきほどの結果を利用するために，2つだけ3を2にかえて，$2×2×3×22=264$(個)の場合を調べよう．243個で20番目だから，$20+3×(264-243)=83$(番目)が残ることになる．
　では，さかのぼっていこう．
　3個のうち2個を残していって83番目の品物が残るまでに，$(83-1)÷2=41$(個)けとばしたことになるから，$2×3×3×22=396$(個)では，$83+41=124$(番目)がもらえることになる．
　同様の方法で調べると，594個では185番目がもらえる．$a+6=185$だから，$a=179$
　最後に1998の場合まで調べていくと，1998個の時には，601番目が残ることになる．

場合の数・確からしさ

問題 1

棒に浮き輪を入れる

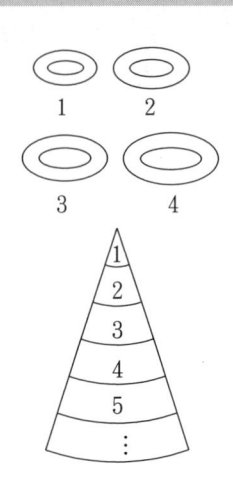

大きさのちがう浮き輪があり，小さいものから順に番号がついている．左下のような棒に浮き輪を入れると各番号の位置にちょうどその大きさの浮き輪が入る．

1～5の5個の浮き輪で輪投げをする．例えば，5番，3番が入って次に4番が入る場合もある．

この棒に浮き輪の入る入り方は何通りあるだろうか．

ただし，入った個数が同じでも，位置が違えば異なる入り方とする．また，投げる順番は関係なく，さらに，浮き輪が必ず入るとは限らない（0個の場合もある）．

（注）1番の浮き輪が入るとその上にはもう何も入れることができなくなる．

余裕のある人は，浮き輪の数を6個，7個にした場合も考えてみてください．

この問題には，21通のレポートが届いた．出来の方もよく，正解者は16名で，6個，7個の場合も正解した人は12名だった．

この問題はちょっと難しかったかな．レポートの感想でも多くの人が難しかったといっていた．というわけで，丁寧に解説するよ．

まずは，入る浮き輪の個数で場合分けをする．0個～5個の6つだけなので調べるのは簡単そうだけど…．

棒に浮き輪を入れる

> 赤穂知郁さん（大阪教育大附池田1年）のレポートより

例えば，3番，4番，2番の順で浮き輪が入った時を，(3，4，2) と書くこととする．

- 0個の時…1通り．
- 1個の時…(5)，(4)，(3)，(2)，(1) の5通り．
- 2個の時…(5，4)，(5，3)，(5，2)，(5，1)，(4，5)，(4，3)，
  (4，2)，(4，1)，(3，5)，(3，4)，(3，2)，(3，1)，(2，5)，
  (2，4)，(2，3)，(2，1)
  　　合計16通り．
- 3個の時…(5，4，3)，(5，4，2)，(5，4，1)，(5，3，4)，(5，3，2)，
  (5，3，1)，(5，2，4)，(5，2，3)，(5，2，1)，(4，5，3)，
  (4，5，2)，(4，5，1)，(4，3，5)，(4，3，2)，(4，3，1)，
  (4，2，5)，(4，2，3)，(4，2，1)，(3，5，4)，(3，5，2)，
  (3，5，1)，(3，4，5)，(3，4，2)，(3，4，1)，(3，2，5)，
  (3，2，4)，(3，2，1)
  　　合計27通り．
- 4個の時…(5，4，3，2)，(5，4，3，1)，(5，4，2，3)，(5，4，2，1)，
  (5，3，4，2)，(5，3，4，1)，(5，3，2，4)，(5，3，2，1)，
  (4，5，3，2)，(4，5，3，1)，(4，5，2，3)，(4，5，2，1)，
  (4，3，5，2)，(4，3，5，1)，(4，3，2，5)，(4，3，2，1)
  　　合計16通り．
- 5個の時…(5，4，3，2，1) の1通り．

全部合計すると，1＋5＋16＋27＋16＋1＝**66（通り）**

　　　　　　　　　　＊　　　　　　　　　＊

見事にすべてを数えあげている．でもこの方法では，浮き輪が6個，7個と個数が増えていくほど大変になる．見落としをする可能性もある．そこで，見落としをしないように樹形図を作ってみることにしよう．

3個の浮き輪が入った場合で考えてみる．まず最初に入る浮き輪は3番，4番，5番の3つだけだ (1, 2番が最初に入ると3個にならない)．

同じように2番目に入れない浮き輪は，1番目に入った浮き輪と1番の浮き

輪．この2つ以外の浮き輪なら入れるので，つまり3通りある．

最後に3番目に入るのは，残った浮き輪のどれでもいいので3通り．

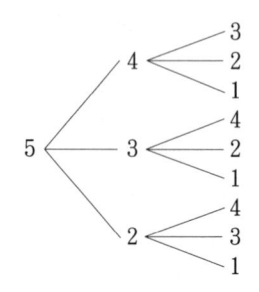

```
        ┌─ 3
    ┌ 4 ┼─ 2
    │   └─ 1
    │       ┌─ 4
5 ──┼── 3 ──┼─ 2
    │       └─ 1
    │   ┌─ 4
    └ 2 ┼─ 3
        └─ 1
```

最初に4番，3番が入った場合もこの樹形図の型と同じになり，全部で，
$3×3×3=27$(通り) になる．

樹形図を使うと，見落としをする可能性が低くなったね．

さらに樹形図を作ってみると，規則性らしきものも見えてくる．1番目，2番目，3番目に入る浮き輪がすべて3通りずつあった点だ．偶然同じになったのだろうか．そこで，4個の浮き輪が入った場合もちょっと考えてみよう．

まず1番目には，1，2，3番が入ると4個の浮き輪が入れないので，それ以外の浮き輪が入る．つまり，

　　　$5-3=2$(通り)

2番目は，やはり，1，2番がくると合計4個にならない．1番目に入った浮き輪も除くので，$5-3=2$(通り) になる（1番目に入れなかった3番の浮き輪が入れるようになっている点に注目）．

3番目も同様に，1番はこれない．そして今までに入った2つも除かれるので，$5-3=2$(通り) だ（ここでも2番の浮き輪が入れるようになっている点に注目）．

最後に4番目は，1番も入れるようになるので，今までに入った浮き輪3つを除いて，$5-3=2$(通り)．

やはりすべて2通りずつ，同じ数になっている．

その理由はこうだ．カッコの中に書いてあるように毎回1つずつ入れる浮き輪が増え，同時に，毎回入った浮き輪が除かれることになる．1つ増え，同時に1つ減る．つまりつねに同じ数になるのだ．

この考え方を使えば，浮き輪の個数が何個になろうと楽勝だ．

6個の場合だと,
- 0個入れる場合…1通り
- 1個入れる場合…6通り
- 2個入れる場合…$(6-1)\times(6-1)=25$(通り)
- 3個入れる場合…$(6-2)\times(6-2)\times(6-2)=64$(通り)
- 4個入れる場合…$(6-3)\times(6-3)\times(6-3)\times(6-3)=81$(通り)
- 5個入れる場合…$(6-4)\times(6-4)\times(6-4)\times(6-4)\times(6-4)=32$(通り)
- 6個入れる場合…$(6-5)\times(6-5)\times(6-5)\times(6-5)\times(6-5)\times(6-5)$
  $=1$(通り)

合計で,$1+6+25+64+81+32+1=$**210(通り)**

$(6-2)\times(6-2)\times(6-2)=(6-2)^3$ のように表すことにすると,浮き輪**7個**だと,

$$1+7+(7-1)^2+(7-2)^3+(7-3)^4+(7-4)^5+(7-5)^6+(7-6)^7$$
$$=\mathbf{733(通り)}$$

になる.

参考までにN個の浮き輪では,

$$1+N+(N-1)^2+(N-2)^3+\cdots+3^{N-2}+2^{N-1}+1$$

となる.

*　　　　　　　　　　*

この問題では,まず見落としをしないよう巧く場合分けをすること.そして,個数が増えた場合にも対応できるように規則性をさがし見つけだすこと.最後に,その規則性に基づいて式を立ててみること.

以上,3つのポイントがあったわけだ.規則性を発見できれば一般の場合(N個の場合)の答えも表せてしまうのだ.

● 場合の数・確からしさ

問題 2
正 16 角形から四角形を作る

正 16 角形の頂点から 4 つの頂点を選んで四角形を作る．ただし，作る四角形は，正 16 角形と共通する辺をもたないようにする．
このような四角形はいくつ作れるだろうか．ただし，回転したり，裏返したりして重なるものは 1 通りと考えます．

この問題には 28 通のレポートが届いた．そのうち正解者は15名で，ほぼ同じようなやり方であった．

このような問題では明確な方法がないため，解くのは難しいことが多い．例えば，正 16 角形ではなく正 1999 角形になったら，僕でも困ってしまう．でも今回は正 16 角形で，比較的に小さな数字なのでうまく解くことができるのだ．それでもやはり難しく，全体の約半分しか正解できなかった．

正解者の考え方はほぼ同じで，作る四角形の 4 つの辺の長さに着目したものだった．辺の長さといっても，直接長さを決めるのではなく，その弧の長さによって辺の長さを決めている．

三鍋有生君（雲雀丘学園小 6 年）のレポートより

選ぶ頂点と頂点の間隔を数字で表すことにして，合計で 16 になるような 4 つの数の組み合わせを調べる（例：下図なら (5, 4, 5, 2))．
4 つの数字を小さい順に書くことにする．

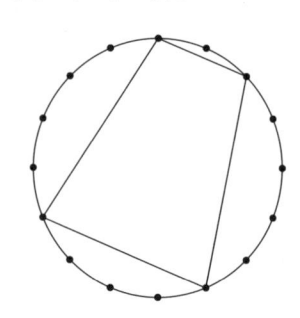

(2, 2, 2, 10) ⇒ 1, (2, 3, 3, 8) ⇒ 2, (3, 3, 3, 7) ⇒ 1
(2, 2, 3, 9) ⇒ 2, (2, 3, 4, 7) ⇒ 3, (3, 3, 4, 6) ⇒ 2
(2, 2, 4, 8) ⇒ 2, (2, 3, 5, 6) ⇒ 3, (3, 3, 5, 5) ⇒ 2
(2, 2, 5, 7) ⇒ 2, (2, 4, 4, 6) ⇒ 2, (3, 4, 4, 5) ⇒ 2
(2, 2, 6, 6) ⇒ 2, (2, 4, 5, 5) ⇒ 2, (4, 4, 4, 4) ⇒ 1

まず，同じ数字が2つある場合には，この2つの同じ長さの辺が隣り合う四角形と，はなれている四角形，の2つの四角形が作れる．

上の15種類の中に，同じ数字が2つある組み合わせは，10個ある．それらの横に2と書いておく．

次に，3つ同じ数字が入った組では，作れる四角形は1つだけ．このような組は，上の中に3組ある．それらの横に1と書いておく．

最後に，4つの数字がすべて異なる組では，ある辺の両隣りに残り3つのうちのどの2つがくるかで，3×2÷2＝3(通り)の四角形が作れる．このような組は2組あり，やはり横に3と書く．

以上で，それぞれの組から何通りの四角形ができるのか分かったので，横にある数字を合計すると，

$2 \times 10 + 1 \times 3 + 3 \times 2 = \mathbf{29}$**(通り)**

*　　　　　　　　*

このレポートでは，四角形の頂点と頂点の間に，円を16等分したものがいくつあるかに着目して考えている．

同じような考え方だけど，別のものに着目することもできる．

それは，2つの頂点の間にある正16角形の頂点数だ．これに着目すれば，図の(5, 4, 5, 2)が(4, 3, 4, 1)というように，1つずつ数字を減らして考えることができる．4つの数字の合計も16から4を除いた12に減る．

レポートでは，2以上の4つの数の和で16を作ることを考えていたけど，今度は，1以上の4つの数の和で12を作ることになるのだ．

数字が小さくなれば，それだけ誤る可能性も少なくなる．

さらに，片岡俊基君(山室山小3)は，もう一度1ずつ減らして，0以上の4つの数の和で，8を作ることを考えていた．

*　　　　　　　　*

どの方法でも，四角形を4つの数字の組に対応させている．ある四角形を作

場合の数・確からしさ

ればそれに対応する4つの数字の組が1つ決まり、また逆に、4つの数字の組を見ればその組の四角形を作ることができる．

このような対応は数学ではとても大切なもので、特別に『1対1の対応』と呼ばれている．

難しい話はやめて、例をあげて説明しておこう．まずは次の問題を考えてみてくれ．

> **問題**
> $\boxed{1}$, $\boxed{2}$, $\boxed{3}$, …, $\boxed{15}$, $\boxed{16}$ の16枚のカードから4枚のカードを取り出す．ただし、連続した数字のカードは取れない．4枚のカードの組の取り出し方は何通りあるか．

さて、どうだろうか．さきほどの問題と似た問題だけど、難しいだろう．すぐに解くのは高校生でも大変だ．でも、うまく対応を見つければ諸君たちにも解けるので説明していこう．

取り出す4枚のカードを小さい順に、a, b, c, d としよう．4枚のカードは連続したものがないのだから、各数字は2以上はなれている．

この2以上のはなれがこの問題を難しくしている．もしこの部分がなかったら、この問題は、1〜16の中から4つを選ぶ選び方は？　という問題となり一気に解ける．では、こうなるような対応を見つけてしまえばいいわけだ．

a, b, c, d の4つの間隔を縮めるには、

$$a,\ b-1,\ c-2,\ d-3$$

とすればいい．

こうすれば、お互いの差は2以上から、1以上に変わる（確かめてみてくれ）．そして、d は最大16だから、$d-3$ は最大13になる．

つまり、a, $b-1$, $c-2$, $d-3$ は1〜13の中から4つを選んだ数になる．もちろん連続してもいい．選び方は、

$$\frac{13\times 12\times 11\times 10}{4\times 3\times 2\times 1}=715（通り）$$

そして、例えば a, $b-1$, $c-2$, $d-3$ として、$(2, 5, 6, 11)$ を選んだと

すると，a, b, c, d は，$(2, 6, 8, 14)$ と 1 つに決まる．

つまり，(a, b, c, d) と $(a, b-1, c-2, d-3)$ は 1 対 1 の対応になっている．

よって問題の答えは，**715 通り**となる．

       *   *

ちょっと難しいけど，うまい対応を見つけた時の喜びはまた格別だ．

場合の数・確からしさ

問題 3

4組の夫婦を3つのグループに分ける

　日本人夫婦，中国人夫婦，フランス人夫婦，アメリカ人夫婦の4組の夫婦がいる．

　この8人を3つのグループに分けたい．ただし，どのグループも2人以上とし，夫婦同士は同じグループに入れないことにする．グループを区別しないことにすると，8人を3グループに分ける分け方は何通りあるだろうか．

　この問題には19通の応募があった．ところが，19通のうち正解だったのは何と4通．この問題が難しすぎるとは思わなかっただけに，正直驚いた．ここでの問題は，入試問題とはちがって，時間の制限がない．だから諸君には，一度問題を見て解けたからといってそれで終わりにせずに，本当に正しいのか確認したり，別の解き方，考え方はないのかといろいろと考えてほしい．すべての場合を調べることもできたはずだ．

　さて，この問題で目についたミスは，'グループを区別しない'ということを正しく理解していなかったミスだ．その結果，正解の倍の288という答えを出したレポートがたくさんあった．では，問題の解説をしながら説明していこう．
　まず3つのグループの人数を決めよう．8人を各グループ2人以上で3組に分けると，（4，2，2），（3，3，2）の2つの分け方がある．この2通りの場合について，それぞれ調べていこう．
　最初に（4，2，2）の場合．
　夫婦同士は同じグループに入れないから，4人のグループには，国籍別で，日本人，中国人，フランス人，アメリカ人が1人ずつ入ることになる．これに男女の区別を入れると，4人グループの作り方は，

$$2\times2\times2\times2=16(通り)$$

となる．

　残るは，4人を2人ずつの2グループに分けることだ．4人のうち2人を選ぶ選び方は，$4 \times 3 \div 2 = 6$

　これで4人を2人ずつの2グループに分ける分け方は6通りかというと，そうではない．実際に調べてみると，理由がわかる．

```
        2人グループ①              2人グループ　②
      1. 日，中                    フ，ア
      2. 日，フ                    中，ア
      3. 日，ア                    中，フ
      4. 中，フ                    日，ア
      5. 中，ア                    日，フ
      6. フ，ア                    日，中
```

（日本人＝日，中国人＝中，フランス人＝フ，アメリカ人＝ア）

　上の表を見ると，1と6，2と5，3と4はそれぞれ同じ分け方であることがわかる．問題文で'グループを区別しない'というのは，1と6，2と5，3と4を区別せずに同じグループ分けとして考える，ということなのだ．つまり，4人を2人ずつのグループに分ける分け方は，$6 \div 2 = 3$(通り) となるのだ．

　以上で，(4, 2, 2)の分け方は，

① （日，中，フ，ア）　（日，中）　（フ，ア）
② （日，中，フ，ア）　（日，フ）　（中，ア）
③ （日，中，フ，ア）　（日，ア）　（中，フ）

の3通りとなる．これに男女の区別を考えるから，

　　　$3 \times 2 \times 2 \times 2 \times 2 = 48$(通り)

となる．

　(3, 3, 2)の場合．

　(4, 2, 2)の場合からもわかるように，3人，3人という同じ人数のグループがあるので，まずは2人を決めよう．夫婦同士はだめだから，日本人，中国

人，フランス人，アメリカ人のうちから2人を選ぶことになるので，$4 \times 3 \div 2 = 6$(通り)の選び方がある．

例えば，日本人，中国人の2人を選んだとして，残る6人を3人ずつに分けてみよう．

夫婦同士は同じグループに入れないことから，アメリカ人夫婦とフランス人夫婦は別々のグループに分かれる．これで3人のうちの2人は決まってしまい，残る日本人，中国人をそれぞれ加えると，3人ずつの2グループは，（日，ア，フ）（中，ア，フ）のグループにしか分けられないことがわかる．

つまり，(3, 3, 2)の場合，2人のグループを決めれば，残る3人，3人のグループは自然に決まってしまうのだ．

よって，(3, 3, 2)の分け方は，2人のグループの選び方の6通りしかない，ということになる．これに男女の区別を入れると，

$$6 \times 2 \times 2 \times 2 \times 2 = 96(通り)$$

となる．

以上2つの場合から合計，$48 + 96 = \mathbf{144(通り)}$

が答えとなる．

* *

さて，以上の説明でこの問題は解決した．しかし，数学者というのは，できるだけ計算を少なくしたいと，計算を減らす方法を常に考えながら問題に向かっている．

この問題では，(4, 2, 2)の分け方は48通り，(3, 3, 2)の分け方は96通り，とちょうど2倍の数になっている．

これは偶然なのだろうか．偶然のように思えることにも，実は数学では何かしらの理由があるものなのだ．

もしこの理由がわかったら，この問題は(4, 2, 2)の分け方を調べるだけで，(3, 3, 2)の場合は考えることもなく，(4, 2, 2)の2倍の分け方があることがわかる．

では，本当に何か理由があるのか調べることにしよう．これから説明することはとても難しいことなので，何となく理解できればそれでいいよ．

まず，(4, 2, 2)のグループ分けされた組から(3, 3, 2)のグループ分けを作り出すことを考えてみよう．

（4，2，2）から（3，3，2）を作るには，4人のグループのうちの1人を2人グループに入れれば（3，3，2）のグループ分けになる．

では，（4，2，2）から何通りの（3，3，2）を作れるだろうか．

4人のグループのうちの1人を選ぶと，その人をうつすグループには同じ夫婦同士は入れないので，どちらの2人グループにうつすべきかは1通りに決まる．つまり，どの4人を選んでも1通りずつ（3，3，2）のグループ分けを作れることになる．

よって，（4，2，2）から（3，3，2）は4通りの作り方があることになる．では，（3，3，2）は（4，2，2）の4倍の分け方があるのかというと，そうはならない．

逆の場合も考えないといけないのだ．つまり今度は，（3，3，2）から（4，2，2）を作ることを考えよう．

（3，3，2）から（4，2，2）を作るには，3人のグループのうちの1人を，もう1つの3人グループにうつせばよい．

3人グループ2つをA，BとしてAからBに1人うつすとすると，Aグループから選ばれる人は，Bグループで同じ夫婦にならない人でないといけない．Bグループにいる3人以外の国籍の人は，1人だけ．

つまり，うつす人は，3人のうちの1人しかいないことになり，（3，3，2）から（4，2，2）は1通りの作り方になる．

さらに，逆にして考えて，BグループからAグループに1人うつすと考えると，さらに1通り作れる．つまり合計2通り．

以上から，
　　（4，2，2）から（3，3，2）は4通り
　　（3，3，2）から（4，2，2）は2通り
となり，
　　（4，2，2）と（3，3，2）は1：2の関係
にあることがわかる．

つまり，（3，3，2）は（4，2，2）の2倍になるわけだ．

これで，48，96が偶然に2倍になったのではなく，きちんとした理由があることがわかった．

このような関係を発見することは，数学者にとって最高の喜びなのだ．

● 場合の数・確からしさ

問題 4

n 本のロープをどの 2 本も交わらないように $2\times n$ 人で張る

　円周上に $2\times n$ 人の子供が立って，n 本の
ロープを持って，2 人ずつでロープを張る．
ただし，どの 2 本のロープも交わってはいけ
ない．

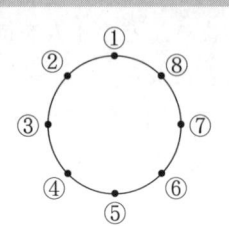

　$n=4$，$n=5$ の場合，ロープの張り方は，
何通りあるだろうか．ただし，ロープは区別しないものとする．

　例えば $n=2$ の場合は，下の 2 通りある．

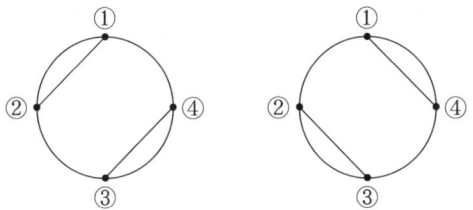

　余裕のある人は，$n=6$，$n=7$，…と考えてみてください．

　この挑戦問題には，31 通のレポートが届き．そのうち，n=4，n=5 の両方に正解した人は22人で，n=6，n=7 の場合すべてに正解した人は，10人だった．

　$n=3$ の場合から順番に調べていくのがいいのだけど，n の値が増えると 1 つ 1 つ調べていくのはとても大変だ．$n=4$ の場合を調べる時は，$n=2$，$n=3$ の場合の結果をうまく使えないか考えながら調べてみると，ある規則性が見えてくる．

　まずは，その規則性の発見の仕方だ．
　$n=2$ の時は，問題文のように 2 通り．
　$n=3$ の時．
　まず，①と②を結んでみる．あと 2 本のロープを使うのだけど，よく図を見

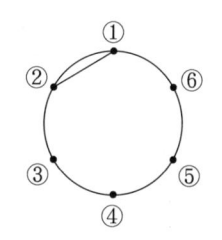

てみると，残り4人で2本のロープだから，$n=2$ の時の問題そのものになっている．というわけで，③～⑥のロープの張り方は，2通り．

　という具合に調べていくと，n の値が大きな場合でもうまく調べることが出来そうだ．これから先は，レポートの中から紹介していこう．

> 赤穂吏映さん（大阪教育大附池田小6年）のレポートより

n が小さい数から順に考える．
$n=1$ の時は，1通り．
$n=2$ の時は，2通り．
$n=3$ の時．

1. ①と②が同じロープの時．
    残り4人のロープの張り方は，$n=2$ の時と同じ．
    よって，2通り．

2. ①と④が同じロープの時．
    ②と③，⑤と⑥の張り方は，$n=1$ の時と同じ．
    よって，1通り．

3. ①と⑥が同じロープの時．
    1. と同じ（①と②）だから，2通り．
    よって，$n=3$ の時，
    $2+1+2=5$（通り）

$n=4$ の時も同様に考える．

場合の数・確からしさ

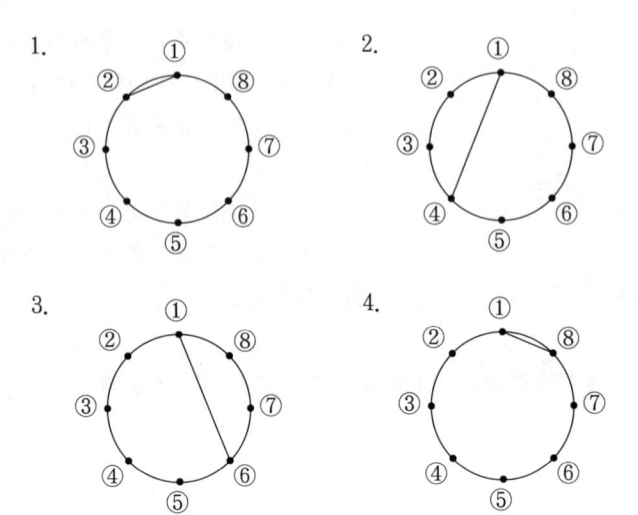

1.
2.
3.
4.

(注) 1本のロープによって，円は2つに分割されるが，両方ともに偶数人ずつに分割しないと，すべての人がロープをもつことが出来なくなる．

1，4 の場合は，$n=3$ の時と同じだから，5通りずつ．

2，3 の場合は，$n=1$ の時と，$n=2$ の時に分割されるから，$1\times 2=2$(通り)ずつ．よって，**$n=4$** の時は，$5+2+2+5=$**14**(**通り**)

* *

$n=5$ の時．(図は省略)

　　14　　　$+5\times 1$　　$+2\times 2$　　$+1\times 5$　　$+14=$**42**(**通り**)
　($n=4$)　　($n=3$)　　($n=2$)　　($n=1$)　　($n=4$)
　　　　　　　$\times(n=1)$　$\times(n=2)$　$\times(n=3)$

$n=6$ の時．$42+14\times 1+5\times 2+2\times 5+1\times 14+42=$**132**(**通り**)

$n=7$ の時．$132+42\times 1+14\times 2+5\times 5+2\times 14+1\times 42+132=$**429**(**通り**)

結果．一般的に $n=i$ の時，N_i 通りだとすると，

$$N_n=N_{n-1}+N_{n-2}\times N_1+N_{n-3}\times N_2+\cdots+N_2\times N_{n-3}+N_1\times N_{n-2}+N_{n-1}$$

となる．

* *

すばらしい解答だ．一般的な場合についても考えてくれている．言うことなしだ．

最後の式は，漸化式と呼ばれるものだ．今まで分かっている結果から，次の

結果を導き出すやり方だ.

$n=1$, …, 7 のすべての結果が分かっていれば,この式から $n=8$ の答えも出せる. $n=8$ がわかれば, $n=9$ の答えも…という具合に,どんな値でも答えを出すことが出来る,というわけなのだ.

ちょっと面白い話をしよう.次の問題を考えてみてくれ.

> **問題**
>
> 凸6角形(どの内角も180°より小さい6角形)を対角線によって三角形のみに分割する.ただし,どの対角線どうしも交わってはいけない.
>
> さて,何通りの分割方法があるだろうか.

解き方は,こうだ.6角形のある一辺に着目する.6角形のすべての辺は必ず分割される三角形のどれかの辺になっているのだから,着目した辺がどの三角形に含まれているかで場合分けをする.

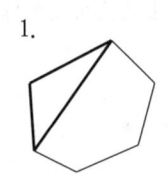

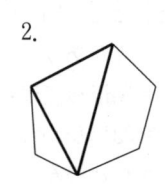

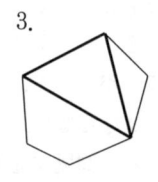

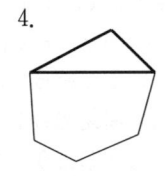

この4通りの図を見てピンときた人もいるだろう.そう,漸化式がつくれる.

n 角形の時の分割方法を N_n 通りとすると,1~4をあわせると,

$N_6 = N_5 + N_3 \times N_4 + N_4 \times N_3 + N_5$ となる.

$N_3 = 1$, $N_4 = 2$ だから,$N_5 = 2 + 1 \times 1 + 2 = 5$ となり,

$N_6 = 5 + 1 \times 2 + 2 \times 1 + 5 = \mathbf{14}$(**通り**)になる.

さらに,7角形の場合には,

$N_7 = N_6 + N_3 \times N_5 + N_4 \times N_4 + N_5 \times N_3 + N_6$

$= 14 + 1 \times 5 + 2 \times 2 + 5 \times 1 + 14 = \mathbf{42}$(**通り**)

さっきと同じ結果になった.上の $n=3$ が,さっきの $n=1$ の場合になっているのだ.つまり,この問題とさきほどの問題はまったく同じ答えになるのだ.一見,まったく別の問題でも,出てくる答えは同じ.面白いでしょ.

場合の数・確からしさ

問題 5

正方形型の 16 個の点から 4 点を選んで長方形を作る

　右のように正方形型に 16 個の点がある．このうち 4 つの点を結んで，長方形（正方形もふくめる）は何通りできるだろうか．
　余裕のある人は，平行四辺形はいくつできるかも考えてみてください．

　この問題には 29 通の応募があった．
　さて，レポートを見ていて気になったことをまずあげよう．それは，何人かの諸君が問題を正しく理解していなかったことだ．例えば，長方形の型の種類が何種類あるか，とか，できた長方形の辺上に点があり，4 点でないから答えに入らない，とかいった勘違いがあった．問題を間違って理解してしまったら，たとえ正しく考えても正解にはならない．この問題にかかわらず，実際の入試の際にも損をしてしまう．だから，問題文をしっかりと読み，正しく理解するように心がけてほしい．

　では問題の解説をしよう．
　この問題の落とし穴は，16 個の点の縦の並び，横の並びに 2 辺が平行な長方形以外にも，斜めになった長方形が作れることだ．実際にそれに気づかなかった人が結構いた．斜めの長方形を考えるのは後にして，まずは斜めでない長方形がいくつあるのかを調べてみよう．1 個ずつ調べていったレポートもあったけど，実は斜めでない長方形の個数は次の考え方を使うと一発で出てしまう．その方法を紹介しよう．
　まずは次の図のように適当に長方形を作ってみる．そして長方形の各辺を延長してみよう．するとこの延長線は，下側の 4 つの点のうちの 2 点と，左側の

正方形型の16個の点から4点を選んで長方形を作る

4つの点のうちの2点にぶつかる．逆に，下側の4点，左側の4点のうちからそれぞれ2点を選んで，縦線，横線を引けば，必ず1つの長方形を作ることができる．つまり，点の選び方の個数だけ長方形を作れることになる．以上のことを理解してもらった上で，レポートを紹介しよう．

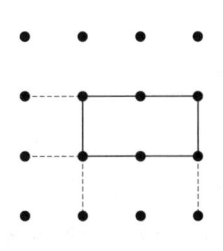

福島稔君（琉球大附小5年）のレポートより

まず縦と横の線でできる長方形を考えると，縦の線は4本あり，そのうちから2本を選ぶのは，6通りある．また横の線も4本あり，そのうち2本を選ぶのは6通りある．よって，縦と横の線でできる長方形は，

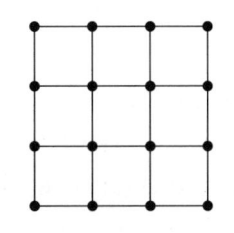

 $6 \times 6 = 36$（通り）ある．

次に斜めの長方形を考えると，

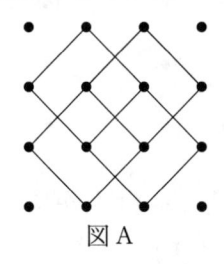

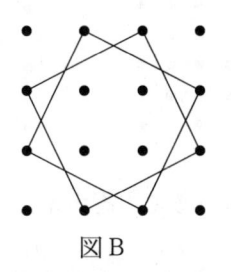

図A　　　　　図B

図Aから，長方形2個，正方形4個の合計6個，図Bから，正方形2個ができる．よって，斜めの長方形は合計8通り．

したがって，長方形（正方形も含めて）は，$36 + 8 = \mathbf{44}$**（通り）**できる．

＊　　　　　＊

以上のように斜めでない長方形はあっさりと個数がわかるのだけど，斜めの長方形はしっかりと調べ上げないといけない．ここがこの問題の危険な部分で，多くの人が斜めの長方形の存在に気がつかず，またさらに何人かは，斜めの長方形の存在に気がついてはいたものの，図Bの長方形（正方形）に気がつかなかった．実際の入試ではないのだから，時間をたっぷりと使って考えてほし

場合の数・確からしさ

い．

　さて，余裕のある人には，平行四辺形はいくつあるのかも出題した．この問題はとても難しく，例えば入試に50分でこの問題1題だけしかなかったとしても，正解できる小学生はほとんどいないのではないだろうか．いたとしても，1人か2人だろう．それほど難しい問題なのだけれど，何と3人の正解者がいた．福島　稔君，生駒浩大君，岸部　峻君の3人だ．

　では，平行四辺形の場合も考えていこう．ここでは数学的な解法を紹介することにする．ちなみに，正方形，長方形，ひし形はどれも平行四辺形に含まれることを知っておいてくれ．以下，平行四辺形というと正方形，長方形，ひし形が含まれていることにする．では，まずは戦略を立てよう．長方形の場合は，4辺の位置に着目すれば簡単だった．平行四辺形の場合は何に着目すればうまくいくだろうか．当然，平行四辺形の場合は斜めの線がひんぱんに出てくるだろうから，辺に着目すると大変そうだ．そこでここでは，平行四辺形の中心に着目することにする．中心とは，平行四辺形の2つの対角線の交点だ．

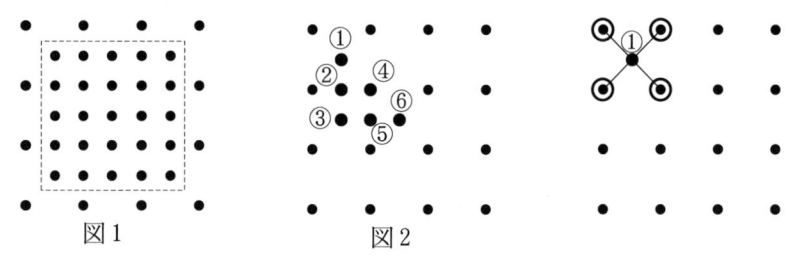

図1　　　図2

　では中心となりうる点を考えていこう．16点のどれかになるのだろうか．いやそれ以外にもある．1×1の正方形を考えると，当然中心は16点以外の場合になる．平行四辺形の中心は対角線を2等分する点だということに注意すると，中心となりうる点は図1の破線内の25点になる．25点も調べなくてはいけないのか，と思うけど，よく見るとそうではない．対称性などを考えることで図2の6点だけでいいのだ．

　では調べてみよう．

　まずは①の点から．平行四辺形の向かい合う2辺は中心に対して対称の位置にあるから，点①に対して対称になっている点を選んでいかないといけない．16点のうちそのような点は上の右図の4点だけ．つまり作れる平行四辺形は1通りとなる．

では次に点②のとき．

同じように点②に対して対称となっている点を 16 点のうちからさがすと，右図の 6 点，3 組ある．平行四辺形はこの 3 組のうち 2 組を選べばいいのだから，3 通りの平行四辺形が作れる．

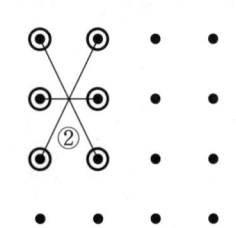

以下，点③，④，⑤，⑥の場合の平行四辺形を作れる各点の組み合わせを調べると次の通り．

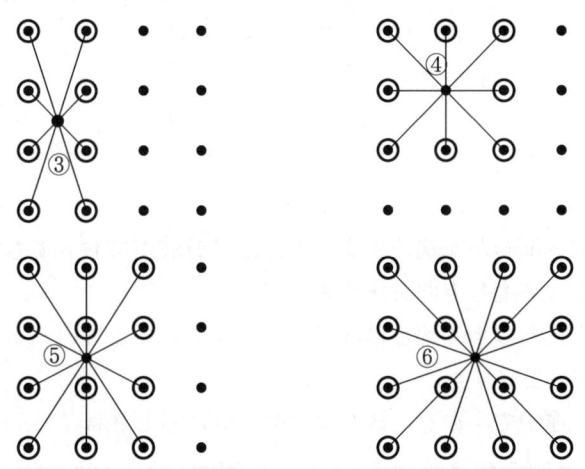

点③の場合は，4 組から 2 組を選ぶから 6 通り，点④の場合も，4 組から 2 組を選ぶので 6 通り．点⑤の場合は，6 組から 2 組を選ぶ 15 通りだが，2 つの直線が重なり合う組み合わせが 1 つあり，この場合は平行四辺形にならないので，結局，15−1＝14（通り）

最後に点⑥の場合は，8 組から 2 組を選んで 28 通りだが，やはり，重なり合う場合が 2 組あるので，28−2＝26（通り）となる．

以上の結果を図に書き込むと，右のようになる．

よって，すべての合計は，
  $1\times 4+3\times 8+6\times 8+14\times 4+26=158$

つまり，平行四辺形は **158 通り** できるのだ．

● 場合の数・確からしさ

問題 6

7×7の交差点で2人が出会う確からしさ

A君は家に，B君は学校にいます．

今，A君は学校へ，B君はA君の家へと同時に出発します．途中の道は右の図のようにマス目状になっていて，A君，B君ともに出発時にコインを投げて，その表裏によって，どちらの方向へ進むかを決めます．また，各分岐点においても同様にコインによって進む方向を決めます．

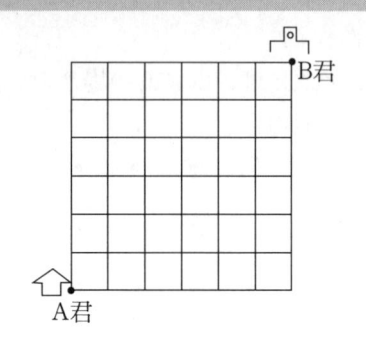

A君，B君の歩く速さは同じで，コインの表と裏の出る確からしさも同じとします．

さて，途中で，A君，B君が出会う確からしさは？

この問題への応募者は21名，そのうち正解者は12名だった．

確からしさに関する問題は実際の中学入試にはあまり出題されていない．そのことを僕はちょっぴり残念に思っている．そこでこの出題となったわけなのだ．

では，レポートを見ながら確からしさについて考えてみよう．

（松﨑　遙君（植竹小6年）のレポートより）

まず，1区画の距離を①とすると，A君の家と学校との距離は⑫となる．だから，A君とB君が出会える場所は，⑫÷2＝⑥　で，A君の家から⑥の距離の所となり，次の図の黒丸の位置にあたる．

同時に，A君が各点へ行く方法が何通りあるかを書きこんでおく（B君が行く場合もこれと同数になる）．

7×7の交差点で2人が出会う確からしさ

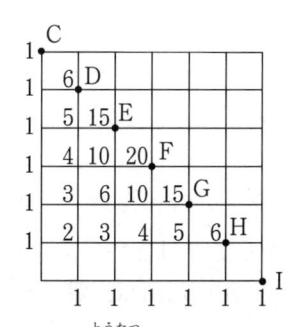

```
         C
    1
    1   6 D
    1   5 15 E
    1   4 10 20 F
    1   3  6 10 15 G
    1   2  3  4  5  6 H
                       I
        1  1  1  1  1  1
```

　A君が⑥進んで黒丸のどれかに到達する方法は，$2×2×2×2×2×2=64$（通り）あり，B君も64通りあるから，⑥進んだ時，A君，B君の進み方は，$64×64=4096$（通り）ある．

　C～Iの各点で出会う確からしさを考えていく．

　C，Iの場合 …… $\dfrac{1×1}{4096}=\dfrac{1}{4096}$

　D，Hの場合 …… $\dfrac{6×6}{4096}=\dfrac{36}{4096}$

　E，Gの場合 …… $\dfrac{15×15}{4096}=\dfrac{225}{4096}$

　Fの場合 ……… $\dfrac{20×20}{4096}=\dfrac{400}{4096}$

　C～Iの各点で出会う確からしさを合計すると，

$$\dfrac{1}{4096}×2+\dfrac{36}{4096}×2+\dfrac{225}{4096}×2+\dfrac{400}{4096}=\dfrac{924}{4096}=\dfrac{231}{1024}$$

よって，答えは，$\dfrac{231}{1024}$ となる．

　　　　　　　　　＊　　　　　　　＊

　正解のレポートを紹介したところで，今度は不正解だったレポートの中から，典型的なまちがいを紹介しよう．

　まず出会う場所はC～Iの7ヶ所のどれかだ．

　A君がこの7ヶ所のうちのどこかに行った時に，B君もその7ヶ所のうちの1つに行けば2人は出会えるから，2人が出会う確からしさは，$\dfrac{1}{7}$

場合の数・確からしさ

*　　　　　　　*

　さて，この解答はどこがまちがっているだろうか．
　それは，A君がC〜Iの7ヶ所へ行く確からしさがすべて同じだとしている点だ．
　Cへ行くには1通りの行き方しかないけれど，Fへは20通りもの行き方がある．当然CとFへ行く確からしさはちがってくるのだ．
　確からしさの問題の1番やっかいな所は，答えが出ても，それが当たっているかどうかを確認しにくいところにある．

　ところで，この問題にはコインが登場しているけど，
　　　　　　　　このコインにはあまり意味はない
というわけではないのだ．実は，コインはこの問題と深い関係がある．そこで，コインに着目してこの問題をもう一度考えてみよう．

*　　　　　　　*

　まず，諸君は10円玉でも100円玉でもいいから，何かコインを1枚用意してくれ．
　用意できたかな．
　では，この問題を一種のゲームと考えてみよう．プレイヤーは君だ．
　君は，A君，B君の2つの駒をコインの表裏によって1区画ずつ交互に動かす．動かし方は，A君の場合，表が出たら上へ1区画，裏が出たら右へ1区画，B君の場合は，表が出たら下へ1区画，裏が出たら左へ1区画動かすことにする．
　さて，A君，B君がお互いに6回ずつ，つまり合計12回コインを投げて，2人が出会えた時のコインの表と裏の出た回数を調べてみてくれ．
　さあ，どうなったかな？
　ちょうど半分ずつ，つまり表6回，裏6回ずつ出た時だけ，2人は出会えるのだ．理由は簡単．
　A君とB君の最初の地点での上下の間の距離は6区画分だ．表が1回出るとA君は上，B君は下に1区画動き，1区画分だけ上下の間の距離が縮まる．最終的に6区画分の距離を縮めないといけないので，表はちょうど6回出なければならない．横方向の動きに着目すれば，裏6回も同様に出てくる．

コインを12回投げて表6回,裏6回出た時,2人は出会う.

すると,さっき求めた確からしさ $\frac{231}{1024}$ は,コインを12回投げて表がちょうど半分の6回出る確からしさでもあるわけなのだ.

普通に考えてみると,12回コインを投げて表と裏が半分ずつの6回出る確からしさは結構大きな値になるだろうと思ってしまう.

ところが,$\frac{231}{1024}=0.225\cdots$ で,$\frac{1}{4}=0.25$ よりも小さい値になってしまうのだ.

*　　　　　　　　*

この確からしさ,数学でいう確率という考え方を人が考え出したきっかけは,このコインやルーレット,カードといったゲームからだったのだ.

最近トルコへ旅行に出かけた時に,公園でやっていた面白いゲームを紹介しよう.やはり,確率がからんでいるゲームなのだ.

お客さんは,[1]〜[6]の6つの場所のうちどれか1つにお金をかける.そして親は3つのサイコロをふる.3つのサイコロのうちの1つでもお金をかけた場所の数が出れば,勝ちになり,かけ金の2倍のお金がもらえるというゲーム,というよりバクチなのだ.

さて,3つのサイコロで,かける場所は6ヶ所.普通に考えれば,半分半分の確率で勝てそうだけど,そうはいかない.実際[1]にかけたとして,確率を計算してみよう.

1つのサイコロについて,[1]の目が出ない確率は $\frac{5}{6}$

3つすべて[1]が出ない確率は,

$$\frac{5}{6} \times \frac{5}{6} \times \frac{5}{6} = \frac{125}{216} = 0.5787\cdots = 約 0.579$$

つまり,はずれる確率は0.579,当たる確率は $1-0.579=0.421$
となり,はずれる確率の方が高い.

数学者である僕は当然,こんなゲームはしなかった.お金のからむゲームでは,必ずお客の方が損をするしくみになっているので,注意しよう.

● 場合の数・確からしさ

問題 7
16人のトーナメントで2人が対戦する確からしさ

16人のトーナメントで試合が行われる．A君，B君の2人はこのトーナメントに参加することにした．トーナメントの1〜16のどこに入るかは抽選で決まる．

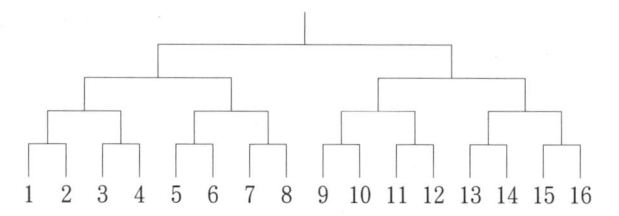

```
       ┌──────┴──────┐
    ┌──┴──┐       ┌──┴──┐
  ┌─┴─┐ ┌─┴─┐   ┌─┴─┐ ┌─┴─┐
 ┌┴┐┌┴┐┌┴┐┌┴┐ ┌┴┐┌┴┐┌┴┐┌┴┐
 1 2 3 4 5 6 7 8 9 10 11 12 13 14 15 16
```

各試合で勝ち負けの確からしさは $\frac{1}{2}$ ずつとする．

さて，このトーナメントで2人が対戦する確からしさは？

この問題には16通のレポートが届いた．どのレポートも出来がよく14名が正解だった．まちがってしまったレポートは，問題文を読みまちがい1回戦だけを考えていたりしたものだった．

正解者の考え方を分けると3通りあり，そのうちの2つはほぼ同じ計算をすることになるので，まずはその考え方を紹介することにしよう．

いきなり16人で考える前に4人，8人での場合を考えてみる．

4人の場合．

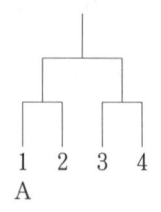

```
     ┌──┴──┐
   ┌─┴─┐ ┌─┴─┐
   1  2  3  4
   A
```

まずA君の入る場所は1〜4のどこかだけど，どこに入っても同じなので1

に入るとする．

次にB君は2，3，4の3ヶ所のどこかに入る．2に入ると1回戦で2人は対戦する．B君が2に入る確からしさは，$\dfrac{1}{3}$

3，4に入ると2人はそれぞれ1回ずつ勝ち上がった時対戦する．その確からしさは，$\left(\dfrac{2}{3}\times\dfrac{1}{2}\right)\times\dfrac{1}{2}=\dfrac{1}{6}$　となる．

この2つの確からしさをたした，

$$\dfrac{1}{3}+\dfrac{1}{6}=\dfrac{1}{2}$$

が，4人の場合での2人が対戦する確からしさだ．

同じように8人の場合も調べると，確からしさは $\dfrac{1}{4}$ になる．

4人，8人の2つの場合の結果から16人の場合は $\dfrac{1}{8}$ になるのではないか，と予想できる．

> 小磯秀夫君（千葉大附小5年）のレポートより

Aは1に入るとする．

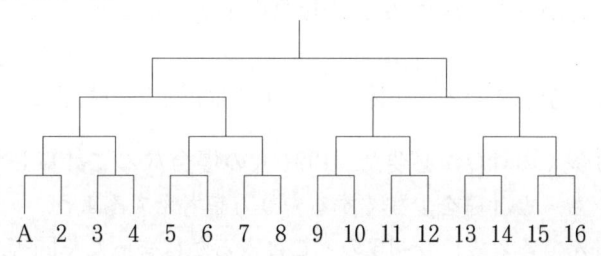

2人が対戦する場所が1回戦〜4回戦（決勝）のどこかで場合分けして考える．

- 1回戦で対戦する確からしさは $\dfrac{1}{15}$（Bは2に入る）

- 2回戦で対戦する確からしさ．
  Aは1回戦で勝ち，Bは3か4に入りそして1回戦突破．

確からしさは，$\dfrac{1}{2}\times\left(\dfrac{2}{15}\times\dfrac{1}{2}\right)=\dfrac{1}{30}$

- 3回戦で対戦する確からしさ．
  Aは2回勝つ．
  Bは5～8に入り，さらに2回勝つ．

  確からしさは，$\left(\dfrac{1}{2}\times\dfrac{1}{2}\right)\times\left(\dfrac{4}{15}\times\dfrac{1}{2}\times\dfrac{1}{2}\right)=\dfrac{1}{60}$

- 4回戦で対戦する確からしさ．
  Aは3回勝つ．
  Bは9～16に入り，さらに3回勝つ．

  確からしさは，$\left(\dfrac{1}{2}\times\dfrac{1}{2}\times\dfrac{1}{2}\right)\times\left(\dfrac{8}{15}\times\dfrac{1}{2}\times\dfrac{1}{2}\times\dfrac{1}{2}\right)=\dfrac{1}{120}$

以上4つの確からしさを加えると，2人がこのトーナメントで対戦する確からしさになる．$\dfrac{1}{15}+\dfrac{1}{30}+\dfrac{1}{60}+\dfrac{1}{120}=\dfrac{15}{120}=\dfrac{1}{8}$

*   *

このように1回戦～4回戦のどこで対戦するかで場合分けして正解した人は13名だった．

先ほどの予想からも，次に32人の場合の確からしさは$\dfrac{1}{16}$になり，64人では$\dfrac{1}{32}$だろうと予想できる．実際にこの予想は正しいのだけど，確かめようとすると，より多くの計算が必要だ．1024人の場合なんて計算したくもないよね．そこで，もっと計算を少なくするやり方を考えてみよう．

問題文を読んでみると，1～16のどこに入るかはまったく同等，さらに試合の勝ち負けも半分ずつ，となっている．つまり，この16人は誰が優勝するかも互角，どこまで勝ち上がれるかも互角，そして，誰と誰が対戦するかも互角となるわけだ．

対戦する2人の組み合わせは，16人から2人を選ぶから，

$16\times15\div2=120$（通り）

そして，決勝戦で誰と誰が対戦するかも，この120通りのうちどれになるか

互角なわけだ．ということは，A君とB君が決勝で対戦する確からしさは，$\frac{1}{120}$ になる．さっきの計算とも合っている．

これは決勝戦に限ったことではない．トーナメントのどの試合であっても，同じなのだ．どの試合でも，そこに誰が勝ち上がってきたのか，誰と誰が対戦するかなど，すべて互角なのだ．

以上のことから，次のような解き方ができる．

> 鈴木　彰君（三重県桑名市6）のレポートより

16人から2人を選ぶ方法は，120通り．

1回戦〜決勝戦までのどの試合についても，誰と誰が対戦するかは同等なので，各試合につきちょうどそこでA君とB君が対戦する確からしさは，$\frac{1}{120}$

トーナメントは全部で15試合なので，このトーナメントでA君とB君が対戦する確からしさは，$\frac{1}{120} \times 15 = \frac{1}{8}$

*　　　　　　　　　　*

この方法でいけば，何人のトーナメントだろうがすぐに計算できる．

たとえば，1024人だったら試合数は1023試合（1試合で1人ずつ負けていき，最後に優勝者1人だけ残るから，全試合数は，"(人数)−1"になる）．

1024人から2人を選ぶ方法は，1024×1023÷2＝512×1023（通り）

だから，確からしさは，$\frac{1023}{512 \times 1023} = \frac{1}{512}$

さっきの予想を確かめるのも，たったのこれだけの計算でいいのだ．さらに，人数は何人であろうと，この考え方は通用するので，2倍ずつの人数でなくてもいい．15人のトーナメントでも通用する．

N人のトーナメントなら，このN人のうち，ある2人が対戦する確からしさは，どんなトーナメント表であっても，

$$\frac{N-1}{N \times (N-1) \div 2} = \frac{2}{N}$$

になるのだ．

● 図形

問題 1
角度を求める

右の図で，？の角度は何度？

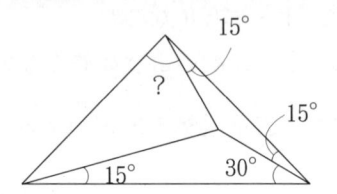

　この問題の応募者数は62名．そのうち正解である75°を出した人は実に61名もいた．この問題は，正確な図を書けば？の角度も，そして全体の三角形が直角二等辺三角形であることも見当がついたはずだ．けれども，それだけで？は75°だと決めつけて答えにしてはならない．75°というのは，あくまでも予測にすぎない．レポートの中には，？＝75°と決めつけていたり，全体の三角形が直角二等辺三角形であることを前提にして解答したもの等が18通あった．一応正解にはしておくけど，やはり，予想はあくまで予想．数学的に考えて，この予想が正しいことを示さないといけない．

　さて，この問題の解き方はたくさんある．僕も何通りかの解法を用意していたのだが，諸君の解法の多様さには正直びっくりした．その中でも多くの人が用いた2つの解法をまずは紹介しよう．

熊本恵美子さん（藤田小6年）のレポートより

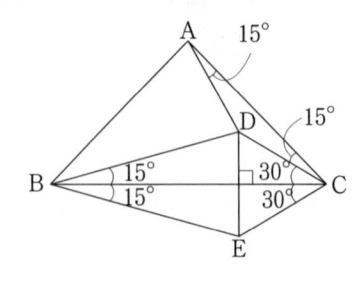

図のように，辺 BC を対称の軸として，点 D と対称になる点 E をとる．すると，角 DCE＝60°，CD＝CE より，三角形 CDE は正三角形となり，CD＝DE，また三角形 DAC は二等辺三角形なので，CD＝AD．よって，AD＝DE．次に，角 EDB＝75°であり，角 ADC＝180°−15°×2＝150° より，角 ADB＝360°−(150°＋60°＋75°)＝75° となり，角 ADB＝角 EDB となる．すると，三角形 ABD と三角形 EBD は，AD＝ED，角 ADB＝角 EDB，そして辺 BD は共通の辺となり，2辺とその間の角がそれぞれ等しくなる．つまり，三角形 ABD と三角形 EBD は合同になる．

だから，角 BAD＝角 BED＝75° となり，？＝**75°**

　　　　　　　　＊　　　　　　　　＊

このように合同である三角形を見つける解法をした人は 17 名いた．次に紹介する解法も 17 名の人が発見したものだ．

（筒井陽子さん（幕張南小6年）のレポートより）

まず，下の図1のように，辺 BC 上に三角形 DCE が二等辺三角形となるように点 E をとる．すると，角 BDE＝15°となるので，AD＝CD＝ED＝BE となる．

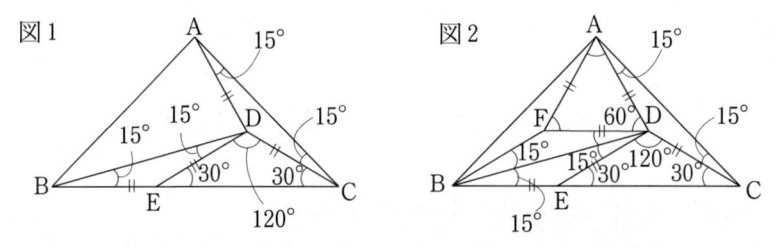

次に，図2のように，三角形 BDE を辺 BD に対して折り返し，E に対する対称点を F とする．

AD＝FD で，角 ADF＝角 ADB−角 BDF＝75°−15°＝60°
より，三角形 AFD は正三角形となる．

よって角 AFB＝360°−(60°＋150°)＝150° となり，三角形 FAB は二等辺三角形だから，角 FAB＝15° となる．以上より角 BAD は，60°＋15°＝**75°**

　　　　　　　　＊　　　　　　　　＊

この2つの解法を見てもわかるように，正三角形を作ることで長さの等しい

辺ができて解く手がかりになっていることがわかる．このように，角度を求める問題では正三角形がカギになることが多いのだ．
ではさらに別解を紹介していこう．

> 大竹拓人君（若松小6年）のレポートより

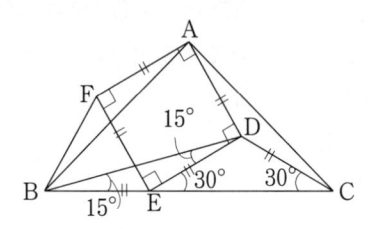

まず，点Eを上図のようにとる．すると，AD＝ED となり，
　　　角ADE＝角ADB＋角BDE＝75°＋15°＝90°
そして点Fを四角形ADEFが正方形になるようにとる．FE＝BE となり，角BEF＝180°－（90°＋30°）＝60°だから，三角形FEB は正三角形となる．よって，FA＝FE＝FB より，三角形FAB は二等辺三角形になり，
　　　角FAB＝{180°－（90°＋60°）}÷2＝15°
よって，角BAD＝90°－15°＝**75°**

　　　　　　　＊　　　　　　　　　＊

正方形を作るというのはいいアイディアだね．この解法を見つけた人は3名いた．いいアイディアという点では，次の別解はすごい．

> 新井英資君（桜ケ丘小6年）のレポートより

まず，ADの延長線と辺BCとの交点をEとする．すると角CDE＝30°となり，二角形CDEは二等辺三角形となる．（図1）

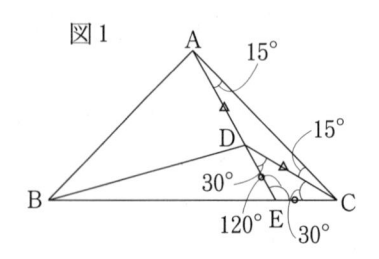

そこで EC＝ED の長さを〇，DA＝DC の長さを△と表して，三角形 BDE を，この〇，△をうまく使って二等辺三角形に分割していく．（図2）

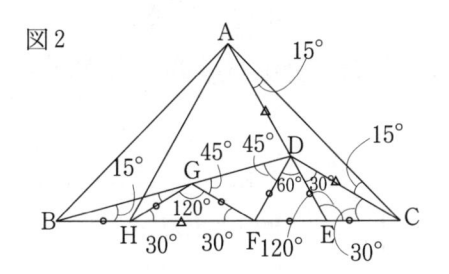

図2

上の図2から，AE＝〇＋△，HE＝〇＋△だから，AE＝HE，角 AEB＝60° より A と H を結ぶと，三角形 AEH は正三角形となる．よって，
角 AHE＝60°だから，角 AHB＝120°
　すると，三角形 ABH と三角形 ACE は合同な三角形となる．
(BH＝CE，AH＝AE，角 AHB＝角 AEC)
よって，角 BAH＝角 CAE＝15°
以上より，角 BAD＝60°＋15°＝**75°**

ここで紹介した4つの解法とはちがう解き方をしたレポートもあるけれど，残念ながらこれ以上は紹介できない．本当にたくさんのレポートありがとう．

● 図形

問題 2
直角三角形に内接する最大の正方形と円の面積

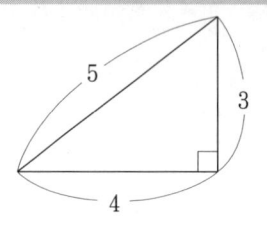

左の直角三角形の内部に，できるだけ大きな円と正方形を作る．その時の円の面積と正方形の面積をそれぞれ求めてください（円と正方形は別々に入れます）．円周率は3.14とします．

この問題には，41通のレポートが届いた．いつもよりは易し目だったけど正解率はそれほど高くなかった．正解を発見した人は，円の場合が31人で，正方形の場合は36人だった．

円の場合の31人は全員正解として何の問題もないのだけど，正方形の場合はちょっと事情がちがう．円の時は1つの場合を調べるだけでいいのだけど，正方形の場合は2種類のおき方を比べないと，どちらが大きいのかわからないのだ．というわけで，正方形の場合は，2種類のおき方をきちんと調べた9人を正解として，他の27人は準正解とすることにした．

では，円の場合から順にレポートを紹介していこう．

（藤田　航君（第三大成小6年）のレポートより）

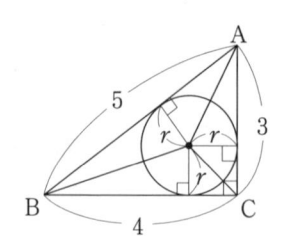

三角形ABCの内部に作れる最大の円は，上の図のように3つの辺に接する円である．

円の中心を O,半径を r とする.三角形 ABC を図のように 3 つの三角形に分ける.この 3 つの三角形の高さはすべて r になるので,3 つの三角形の面積の和は, $3\times r\div 2+4\times r\div 2+5\times r\div 2=(3+4+5)\times r\div 2=6\times r$
となる.これは三角形 ABC の面積と等しいので,
   $6\times r=3\times 4\div 2$ よって,$r=1$
図の円の面積は,$1\times 1\times 3.14=$ **3.14**

*   *

次に正方形の場合に行こう.

根本俊吾君(旭が丘小 6 年)のレポートより

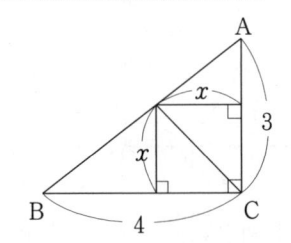

上図のように正方形をおく.

そして,正方形の対角線によって三角形 ABC を 2 つの三角形に分ける.正方形の 1 辺を x とすると,この 2 つの三角形の面積の和は,

$$4\times x\div 2+3\times x\div 2=\left(2+\frac{3}{2}\right)\times x=\frac{7}{2}\times x$$

となり,三角形の面積 6 と等しくなるので,

$$\frac{7}{2}\times x=6 \Rightarrow x=\frac{12}{7}$$

よって,正方形の 1 辺の長さは $\frac{12}{7}$ で,面積は,

$$\frac{12}{7}\times\frac{12}{7}=\frac{144}{49}$$

*   *

円の場合とはちがって,正方形の場合ではもう 1 つ有力なおき方がある.それが次の図のようなおき方だ.

図形

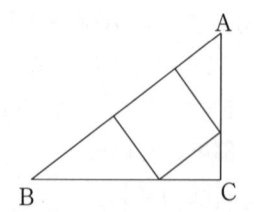

さっきのおき方と見比べてみても，見た目だけではどちらが大きいのか判断できない．だから，この場合も調べてみる必要がある．

玉岡　哲君（竹園東小6年）のレポートより

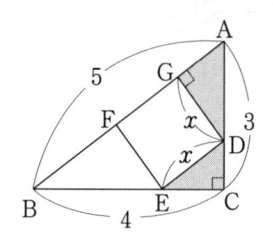

正方形の1辺をxとする．上図の網目の2つの三角形に着目すると，この2つの三角形はいずれも三角形 ABC と相似である．

よって，　　GD : AD = 4 : 5,　　DE : DC = 5 : 3

となり，GD = DE = x だから，

$$AD = \frac{5}{4} \times x, \quad DC = \frac{3}{5} \times x$$

AD + DC = AC = 3 だから，

$$\frac{5}{4} \times x + \frac{3}{5} \times x = 3, \quad \left(\frac{5}{4} + \frac{3}{5}\right) \times x = 3, \quad \frac{37}{20} \times x = 3$$

よって，$x = \dfrac{60}{37}$ となる．

さきほどの正方形の1辺の長さとどちらが大きいのか比べてみると，

$$\frac{60}{37} = \frac{60 \times 7}{37 \times 7} = \frac{420}{37 \times 7}$$

$$\frac{12}{7} = \frac{12 \times 37}{7 \times 37} = \frac{444}{7 \times 37}$$

となり，$\frac{12}{7}$ の方が大きいので，この 1 辺の長さ $\frac{60}{37}$ の正方形よりも，さきほどの正方形の方が大きい．

よって，最も大きい正方形の面積は，$\frac{144}{49}=2\frac{46}{49}$

* *

これで正方形の場合も，無事解決したわけだ．でもちょっと気になることがある．正方形の作り方は，この 2 つ以外にももちろん考えられる．正解のおき方をちょっとだけ斜めにしてみたらどうなるのだろうか，ひょっとしたらもっと大きくなるかもしれない，などと心配になってくる．しっかりとした証明はここでは紹介できないので，その考え方を紹介しておこう．

三角形 ABC のある一辺に正方形の 2 頂点がのっている場合は，さっきの 2 つのレポートの正方形が最も大きい正方形だ．正方形の頂点が 1 つものっていない辺がある時には，下の図のようにうまく正方形を平行移動させれば，より大きな正方形を作れることがわかる．

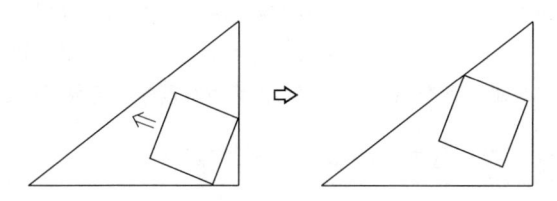

以上のことから，三角形 ABC の各辺上に正方形の頂点が 1 つずつある場合を考えればいい．

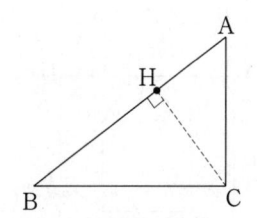

あとは，AB 上の正方形の頂点が右図の点 H より A 側にあるか，B 側にあるかで場合分けして考えていくのだ．

● 図形

問題 3
正方形に内接する3つの正方形の辺の長さ

図のように，3つの正方形がある．PQ と BC は平行である．

AE＝3cm，EB＝4cm の時，PQ の長さは？

余裕のある人は，AE＝3cm，EB＝5cm の時の PQ の長さも求めてみてください．

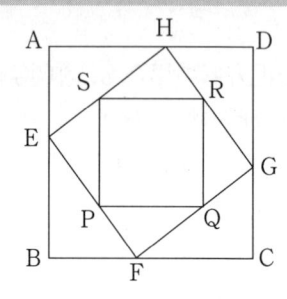

この問題には何と 78 通ものレポートが届いた．たくさんの応募ありがとう．さらに，出来もよく 78 名中 70 名が見事正解で，またさらに EB＝5cm の場合も正解者は 55 名もいた．解き方も様々だったけど，大体 2 通りの解き方になっていた．では，レポートを紹介しながら，色々な解き方を見ていこう．

(小泉賢一君（大久保小 6 年）のレポートより)

4 つの三角形 AEH，BFE，CGF，DHG は合同な三角形で，面積は，$3 \times 4 \div 2 = 6 (cm^2)$ なので，正方形 EFGH の面積は，$7 \times 7 - 6 \times 4 = 25 (cm^2)$

よって，正方形 EFGH の 1 辺の長さは 5cm となる．

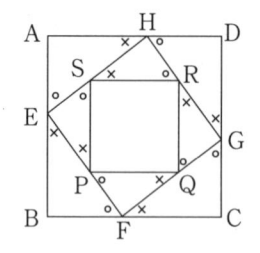

次に角度に着目してみる．PQ と BC は平行なので，上の図のようになって，三角形 AEH と三角形 ESP は相似であることが分かる．

AE：EB＝3：4 なので，同じく，FP：PE＝3：4 となる．

EF＝5cm なので，PF＝$5 \times \dfrac{3}{4+3} = \dfrac{15}{7}$(cm)

PF と PQ の比は，FB と FE の比 3：5 に等しいので，PQ＝$\dfrac{15}{7} \times \dfrac{5}{3} = \dfrac{25}{7}$**(cm)**

* *

とても分かりやすいレポートだね．EF の長さは，BF＝3cm，EB＝4cm で直角三角形だから，EF＝5cm としてももちろんいい．

ただ上の解き方だと，次の EB＝5cm の場合は，正方形 EFGH の面積が 34cm² になるので，EB＝4cm の時のようにはうまくいかない．そこで，辺の比ではなく面積の比に着目したレポートを紹介しよう．

光根　歩さん（文京小6年）のレポートより

EB＝4cm の時．

正方形 EFGH の面積は 25cm² で，正方形 ABCD の $\dfrac{25}{49}$ 倍になる．

今度は，正方形 EFGH と正方形 PQRS の関係を見ると，4点 P，Q，R，S は正方形 EFGH の各辺を 4：3 に分ける点なので，正方形 ABCD と正方形 EFGH の関係と同じになっている．

すると，正方形 PQRS の面積は，正方形 EFGH の $\dfrac{25}{49}$ 倍になる．よって，

正方形 PQRS の面積は，$25 \times \dfrac{25}{49} = \dfrac{25 \times 25}{49} = \dfrac{25 \times 25}{7 \times 7}$ (cm²)

となり，正方形 PQRS の 1 辺の長さ PQ は，$\dfrac{25}{7}$ **cm**

EB＝5cm の場合も同様に考えると，三角形 AEH の面積は，

$3 \times 5 \div 2 = \dfrac{15}{2}$(cm²) なので，正方形 EFGH の面積は，$8 \times 8 - \dfrac{15}{2} \times 4 = 34$(cm²)

正方形 PQRS の面積は，$34 \times \dfrac{34}{64} = \dfrac{34 \times 34}{8 \times 8}$(cm²) なので，

$$PQ = \frac{34}{8} = \frac{17}{4} \text{(cm)}$$

*   *

　面積の比に着目すると，EF の長さが分からなくても直接 PQ の長さを求めることができるのだ．

　この2つの方法以外の考え方ももちろんある．順に紹介していこう．

(熊本政夫君（北島小6年）のレポートより)

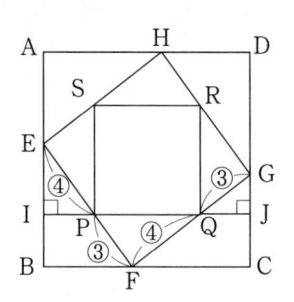

　PQ を延長して図のように I，J の2点をとる．

　EB＝4cm の時は，$IP = BF \times \frac{4}{7} = \frac{12}{7}$(cm)，$QJ = FC \times \frac{3}{7} = \frac{12}{7}$(cm)

　よって，$PQ = BC - IP - QJ = 7 - \frac{12}{7} - \frac{12}{7} = \frac{25}{7}$ **(cm)**

　EB＝5cm の時は，$IP = 3 \times \frac{5}{8} = \frac{15}{8}$(cm)，$QJ = 5 \times \frac{3}{8} = \frac{15}{8}$(cm)

　よって，$PQ = 8 - \frac{15}{8} \times 2 = \frac{17}{4}$ **(cm)**

(菊川康彬君（内郷小6年）のレポートより)

　正方形 ABCD の中心を O として，2本の対角線を引く．すると，正方形 PQRS の中心も点 O であり，PQ と BC が平行であることから，4点 P，Q，R，S は正方形 ABCD の対角線上にある．

正方形に内接する3つの正方形の辺の長さ

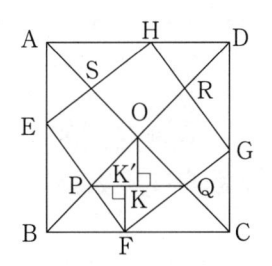

三角形 PBF と三角形 QFC の面積の和は三角形 BFE の面積と等しくなるので,
$$3 \times 4 \div 2 = 6 (\mathrm{cm}^2)$$
よって, 四角形 OPFQ の面積は,
$$7 \times 7 \div 4 - 6 = \frac{25}{4} (\mathrm{cm}^2)$$

図で, $\mathrm{OK} + \mathrm{FK}' = \dfrac{\mathrm{AB}}{2} = \dfrac{7}{2}$ (cm) だから, 四角形 OPFQ の面積は,

$\mathrm{PQ} \times \dfrac{7}{2} \times \dfrac{1}{2} = \dfrac{25}{4} (\mathrm{cm}^2)$ となる. この式から, $\mathrm{PQ} = \dfrac{25}{7} \mathrm{cm}$

EB=5cm の時も同様.

小磯秀夫君（千葉大附小）のレポートより

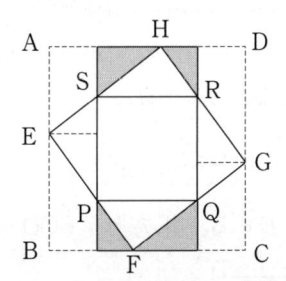

上図のように, 三角形 EPS と三角形 GRQ を分割して移動させ, 長方形を作る. この長方形の面積は, 正方形 EFGH と等しい.

EB=4cm の時, 正方形 EFGH の面積は 25cm² で, 長方形のたての長さは 7cm, 横の長さは PQ なので, $\mathrm{PQ} \times 7 = 25 \Rightarrow \mathrm{PQ} = \dfrac{25}{7} \mathrm{cm}$

EB=5cm の時も同様に, $\mathrm{PQ} \times 8 = 34 \Rightarrow \mathrm{PQ} = \dfrac{17}{4} \mathrm{cm}$

● 図形

問題 4
正方形を4本の直線で分ける

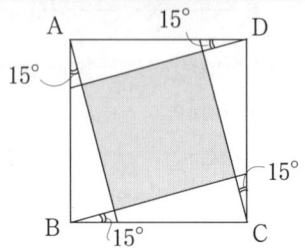

網目部分の面積は，もとの正方形 ABCD の何倍か？

この問題には，40通の応募があり，そのうち正解者は，35名だった．

この問題の解き方は，大きく分けて2通りの方法がある．1つは，もとの正方形から，4つの三角形の面積を引く方法．2つめは，正方形の対角線に着目する方法だ．では，順にまずは第1の方法による解き方から紹介しよう．

対称性から見て，網目部分 EFGH は当然正方形だよね．同じく対称性から，下図の4つの三角形 ABE，BCF，CDG，DAH はすべて合同な三角形なので，そのうちの1つの面積を求めるだけで十分だ．

（中林　誠君（明正小6年）のレポートより）

もとの正方形の1辺を2とする．正方形 ABCD の面積は，$2 \times 2 = 4$

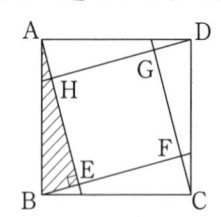

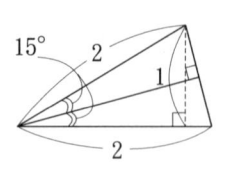

これから，上図の三角形 ABE の面積の4倍を引いて，網目部分の面積を出す．15°のままではむずかしいので，2つ合わせて30°にして面積を求める．

この右側の図の三角形の面積は，30°，60°，90°の直角三角形を考えると，高さは1なので，2×1÷2＝1となる．

三角形 ABE の2倍の面積が1なので，三角形 ABE の4倍の面積は2になり，これがもとの正方形から取り除く4つの三角形の面積の和である．

よって，正方形 EFGH の面積は，4−2＝2となり，もとの正方形 ABCD の $2÷4=\frac{1}{2}$（倍）になる．

*　　　　　　　　　　　*

このレポートからもわかるように，15°の角の直角三角形の面積を求めるのには，ちょっと工夫をしないといけない．

上のレポートのように2つ合わせて30°を作る方法が多かったけど，他にも色々な工夫があったので紹介しておこう．

佐藤雅志君（武蔵野東小5年）のレポートより

もとの正方形の1辺の長さを1とする．

取り除く4つの三角形を取り出して，図のように合わせてひし形を作る．このひし形の面積は，底辺1，高さ $\frac{1}{2}$ だから，$1×\frac{1}{2}=\frac{1}{2}$

よって，求める正方形 EFGH の面積は，もとの正方形 ABCD の $1-\frac{1}{2}=\frac{1}{2}$（倍）

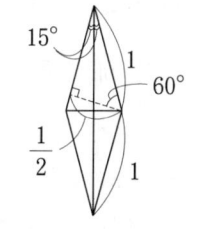

宮村悠資君（高知大附小）のレポートより

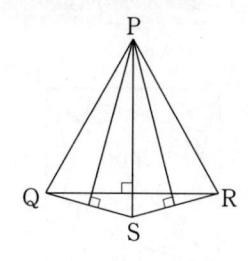

4つの三角形を図のようにくっつける．すると角 P は，15°×4＝60°になる

ので，三角形 PQR は正三角形．よって，QR＝1

上の図形の面積は，PS×QR÷2＝1×1÷2＝$\frac{1}{2}$ （以下省略）

緑川淳史君（藤が丘小6年）のレポートより

正方形の1辺の長さを4とする．

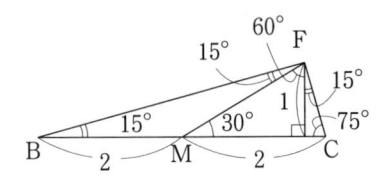

三角形 BCF を取り出して，上のように F から角 BFM＝15°となるように線を引く．

すると，三角形 MBF，三角形 MCF ともに二等辺三角形となり，三角形 BCF の面積は，4×1÷2＝2　よって，4倍すると8．

もとの正方形の面積は16だから，答えは，(16−8)÷16＝$\frac{1}{2}$(倍)

＊　　　　　　　　　＊

以上3通りの方法があった．実はもう1つ，$\sqrt{}$（ルート）を使った解答も数通あったのだけど，紹介はしない．この問題は，小学校で習う範囲の知識で解けるように問題を作ってあるから，できるだけ範囲を越えないような解き方を見つけてほしい．

さて，次に対角線に着目した解き方を紹介しよう．

清水明子さん（多治米小4年）のレポートより

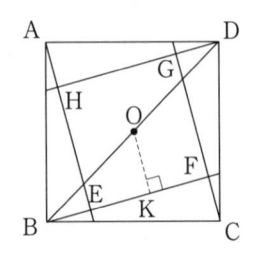

正方形ABCDの対角線BDの中点をOとして，OからEFに垂線を引き，交点をKとする．また対角線BDの長さを4とすると，もとの正方形の面積は，4×4÷2=8

　角OBK＝30°となるから，三角形OBKは30°，60°，90°の直角三角形となる．よって，OK＝1

　そして，正方形EFGHの1辺の長さは，OKの2倍だから，1×2=2．よって，面積は，2×2=4

　以上より，正方形EFGHは，もとの正方形ABCDの$4 \div 8 = \dfrac{1}{2}$(倍)

＊　　　　　　　　＊

　対角線に着目すると，ほとんど計算をしないですむ．すばらしい着想だ．
　最後にもう1つ紹介しよう．ちょっと思いつかない発想で，正三角形が登場してくるのだ．

石﨑健太朗君（霞ヶ丘小6年）のレポートより

　正方形の1辺の長さを1とする．
　まず，図のように正方形EFGHの対角線EGと平行にDPを引く．
　平行四辺形ができたことから，DG＝PEとなり，DG＝BEなので，PE＝EBとなる．

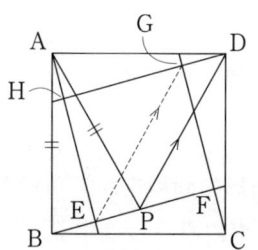

　このことから，三角形ABEと三角形APEは合同である．すると，角APD＝60°，AD＝AB＝APとなり，△APDは正三角形だと分かる．この正三角形の1辺の長さは1．よって，GE＝DP＝1だから，正方形EFGHの面積は$1 \times 1 \div 2 = \dfrac{1}{2}$　　　よって，答えは，$\dfrac{1}{2}$倍

図形

問題 5

三角形の各辺を 4 等分する点から六角形を作る

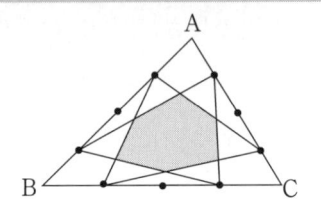

上の図のように三角形の各辺を 4 等分する点をとる．図のように結んで 2 つの三角形を作る．網目部分の六角形の面積は，もとの三角形 ABC の何倍だろうか．

この問題には 25 通のレポートが届いた．そのうち正解者は，全体のほぼ 3 分の 2 の 17 人だった．ちょっと計算がややこしいし，比を使う所がたくさんあって混乱してしまいそうな問題だった．実際，レポートの感想でもこういうものが多かった．そこで，混乱を防ぐためにもまず問題を解く方針を立ててから取りかかってみよう．

(三原千穂さん（大泉東小 6 年）のレポートより)

三角形 ABC の面積を 1 とする．
考え方は，網目部分の六角形の面積を，三角形 DEF から，三角形 DKJ，ELM，FNO の 3 つを引いて求めることにする．

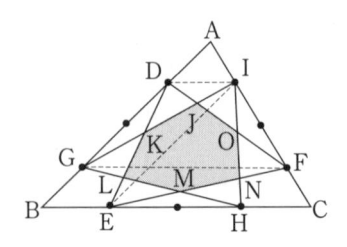

三角形の各辺を4等分する点から六角形を作る

ここでは，三角形 ABC の面積を△ABC のように表すことにする．

$$\triangle DEF = \triangle ABC - (\triangle ADF + \triangle BED + \triangle CFE)$$
$$= 1 - \frac{3}{4} \times \frac{1}{4} \times 3 = \frac{7}{16}$$

次に，△DKJ を求める．

まず，

$$\triangle DGI = \triangle AGI - \triangle ADI = \frac{3}{4} \times \frac{1}{4} - \frac{1}{4} \times \frac{1}{4} = \frac{1}{8}$$

DI と GF は平行で，三角形 JDI と三角形 JFG は相似だから，

　　IJ : GJ = DI : FG = 1 : 3

よって，

$$\triangle DGJ = \frac{3}{4} \times \triangle DGI = \frac{3}{4} \times \frac{1}{8} = \frac{3}{32}$$

次は，

$$\triangle DKJ = \triangle DGJ - \triangle DGK$$

に着目して，△DGK を求める．

DG と IE は平行なので，三角形 DGK と三角形 EIK は相似だから，

　　GK : IK = DG : EI = 2 : 3

よって，

$$\triangle DGK = \frac{2}{5} \times \triangle DGI = \frac{2}{5} \times \frac{1}{8} = \frac{1}{20}$$

以上より，

$$\triangle DKJ = \triangle DGJ - \triangle DGK$$
$$= \frac{3}{32} - \frac{1}{20} = \frac{7}{160}$$

△ELM と△FNO も同じ計算になるので，

$$\triangle DKJ = \triangle ELM = \triangle FNO$$

網目部分の面積は，△DEF − 3 × △DKJ

$$= \frac{7}{16} - 3 \times \frac{7}{160} = \mathbf{\frac{49}{160}}$$

図形

このように，きちんとした方針を立てることで，混乱や乱雑化をまねく心配が少なくなるわけだ．

さて，このレポートで重要な部分は，GK：KJ：JI
を求めるところなのだ．

レポートを整理すると，

$\triangle$DGK：$\triangle$DKJ：$\triangle$DJI
$= \dfrac{1}{20} : \dfrac{7}{160} : \left(\dfrac{1}{8} - \dfrac{1}{20} - \dfrac{7}{160} \right) = 8 : 7 : 5$

つまり，GK：KJ：JI＝8：7：5
となっているのだ．

問題を一般化した次の問題においても，この考え方は役に立つ．

問題 A

三角形 ABC の 3 辺 AB，BC，CA を，それぞれ $1:n$ に分ける点を D，E，F とし，$n:1$ に分ける点を G，H，I とする．

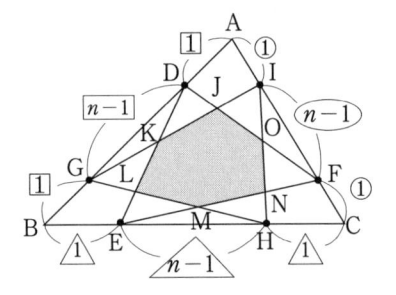

網目部分の六角形の面積は三角形 ABC の何倍か．

この問題は，もとの問題の 4 等分というところを，$n+1$ 等分にしたものだ．まずは，$n=9$ の場合で解いてみよう．

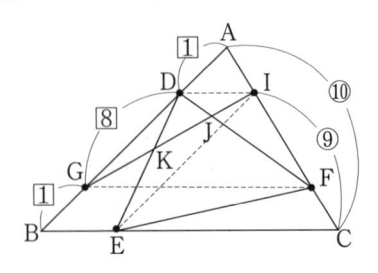

まず，三角形 JDI と三角形 JFG は相似なので，
$$IJ : GJ = DI : FG = 1 : 9$$
同様に，三角形 DGK と三角形 EIK も相似なので，
$$GK : IK = DG : EI = 8 : 9$$
よって，
$$\triangle DGI = \triangle AGI - \triangle ADI$$
$$= \frac{9}{10} \times \frac{1}{10} - \frac{1}{10} \times \frac{1}{10}$$
$$= \frac{8}{100} = \frac{2}{25}$$
$$\triangle DKJ = \triangle DGI - \triangle DGK - \triangle DIJ$$
$$= \triangle DGI - \frac{8}{17} \times \triangle DGI - \frac{1}{10} \times \triangle DGI$$
$$= \left(1 - \frac{8}{17} - \frac{1}{10}\right) \times \triangle DGI$$
$$= \frac{73}{17 \times 10} \times \frac{2}{25}$$

よって，網目部分の面積は，
$$\triangle DEF - 3 \times \frac{73}{17 \times 5 \times 25} = \left(1 - 3 \times \frac{9}{10} \times \frac{1}{10}\right) - 3 \times \frac{73}{17 \times 5 \times 25}$$
$$= \frac{5329}{8500}$$

      *   *

ちなみに，問題 A の答えは，
$$\frac{2 \times (n \times n - n + 1) \times (n \times n - n + 1)}{(n+1) \times (n+1) \times (n+1) \times (2 \times n - 1)} \quad \cdots\cdots\cdots① $$
である．n の値が大きくなれば，①の式の値はどんどん大きくなり，1 に近づいていく．

n に 3，9 を入れて①が正しいことを確認してみてね．

● 図形

問題 6

6×10 の三角形の中の白と黒の部分の面積の差

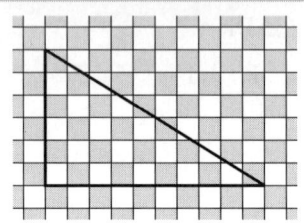

大きなチェス盤があり，このチェス盤の上に，図のように 6×10 の三角形がある．

この三角形の内部にある黒色の部分の面積と白色の部分の面積の差はいくらだろうか．また，10×12 の三角形の場合はどうだろうか．

余裕のある人は，5×7 の場合も考えてみてください．

この問題には 38 通のレポートが届いた．たくさんのレポートが届き，またほとんどの人が正解だったのでとても嬉しかった．

それでは，6×10 から順に解答を紹介しよう．

大岡祐介君（明正小 6 年）のレポートより

まず 6×10 について，図のように 6×10 の三角形を三角形 ABF，三角形 FDE，長方形 BCDF の 3 つに分ける．

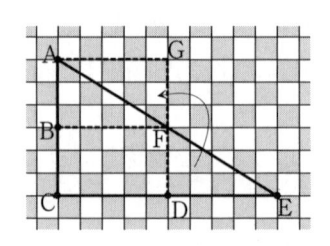

6×10 の三角形の中の白と黒の部分の面積の差

　まず三角形 ABF と三角形 FDE は合同であり，三角形 ABF と三角形 FGA も合同．よって，三角形 FDE と三角形 FGA も合同となり，三角形 FDE を三角形 FGA に移動させると，白黒の塗り分けも含めてぴったり重なる．
　すると，6×10 の三角形は長方形 ACDG となり，この長方形の黒色の部分の面積と白色の部分の面積の差は 0 だから，答えは，**0**
10×12 の場合も同様の方法で，答えは **0** となる．

　　　　　　　＊　　　　　　　　　　　＊

ほとんどのレポートが上の解法のように長方形を作る解き方だった．
次は，もっと大きな長方形を作る解法を，10×12 の場合で紹介しよう．

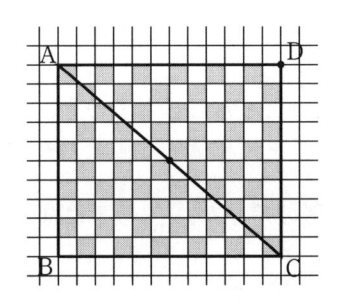

10×12 の長方形 ABCD を作る．すると，三角形 ABC と三角形 CDA は合同になり，かつ，白黒の模様も同じである．三角形 ABC の白と黒の部分の面積の差を a とすると，三角形 CDA の白と黒の部分の面積の差も a になる．
　よって，長方形 ABCD の白と黒の面積の差は $2 \times a$ となるが，10×12 の長方形 ABCD の白と黒の部分の面積の差は 0 なので，a の値は 0 となる．つまり，三角形 ABC の白と黒の部分の面積の差は **0**

　　　　　　　＊　　　　　　　　　　　＊

この解法で行けば，次の 5×7 の場合もうまくいきそうだ．

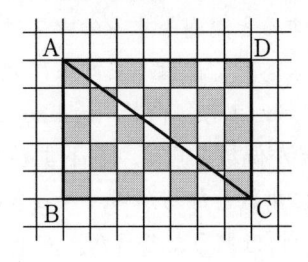

三角形 ABC と三角形 CDA は合同．三角形 ABC の白と黒の部分の面積の

図形

差をaとすると，長方形 ABCD の白と黒の面積の差は$2 \times a$となる．

5×7の長方形の白と黒の部分の面積の差は，黒1マス分だけ多いから1となる．つまり，$2 \times a = 1$となり，$a = 0.5$

よって，5×7の三角形の白と黒の部分の面積の差は **0.5** となる．

＊　　　　　　　　　＊

実はこの問題は，1997年に行われた第38回国際数学オリンピックの第1問をもとにしたものなのだ．

実際の問題では，一般的に，偶数×偶数，または，奇数×奇数の場合はどうか？　となっているのだけど，もう諸君は解けるのではないかな．そう，上の解き方のように大きな長方形を作れば，偶数×偶数のときは0，奇数×奇数のときは0.5になることがわかる．

では，偶数×奇数の場合はどうなるのだろうか．考えてみよう．

mを偶数，nを奇数とすると，具体的な値はわからないのだけど，三角形 ABC の白と黒の部分の面積の差aが，$\frac{1}{2}$以下になることを示すことができるのだ．

たてm，横nの$m \times n$の長方形を作る．

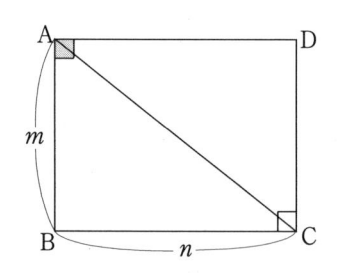

今，左上すみが黒だとすると，右下すみのマスはどうなるか見てみよう．左上すみから右下すみのマスへ行くには，まず下に$m-1$マス，そして右へ$n-1$マス行くことになる．つまり，合計，$m+n-2$マス移動する．白黒交互にマスがあるから，$m+n$が偶数ならば，右下すみも黒になる．この時は，m，nは共に偶数，または共に奇数となるから，さっきの問題と同じだ．

しかし，$m+n$が奇数の時はどうだろうか．右下のマスは白になって，今までの方法ではうまくいかなくなってしまう．お手上げのようだがうまい方法が

6×10 の三角形の中の白と黒の部分の面積の差

あるのだ．

偶数×偶数ならうまくいくのだから，横を $n+1$ にして，次のような図を考える．

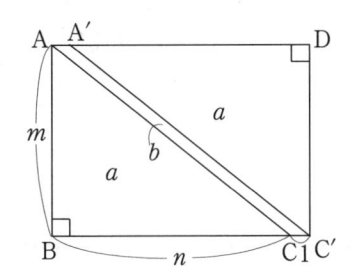

今，三角形 ABC の白黒の面積の差を a とすると，三角形 A′DC′ の白黒の面積の差も同じく a．そして平行四辺形 ACC′A′ の白黒の面積の差を b とする．長方形 ABC′D の白黒の面積の差は 0 だから，$2\times a$ と b は等しくなるはずだ（a，b は白黒が逆になる）．

つまり，$a = 0.5 \times b$

b は平行四辺形の面積 m よりも小さいから，a は，$0.5 \times m$ 以下となる．

この方法を用いると，実際の数学オリンピックの問題よりも，よい a の値の評価ができるのだ．

● 図形の分割

問題 1

2×2の正方形から1個を切り取った図形15個で長方形を作る

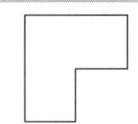

▢ を15個使って長方形を作ってください．

　この問題が『挑戦問題』という形で考えてもらった最初の問題だ．いったいどれだけのレポートが届くのか楽しみにしていたら，50通ものレポートが届いた．たくさんのレポートありがとう．

　もちろん50名みんな正解だった．ではこの問題の解き方を説明しよう．最終的には何通りの作り方があるのかも調べていきたい．そのためにも次の事実をまず確かめておこう．

事実

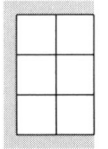

　左のようにまわり3方がふさがっている3×2のマス目を  ▢ で覆うには，2つのピースで3×2の長方形を作るしかない．

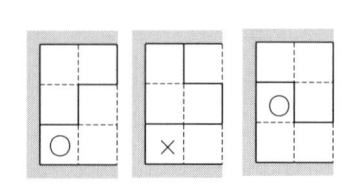

　一目当然のようだがしっかりと証明しておこう．まず左上の角マスを覆うには右の3通りの方法がある．

　この3つのまん中の方法では左下のマス目を覆うことができなくなる．残り2つの方法では次に○のついたマスをうめる方法を考えるとどちらも2つのピースで3×2の長方形を作ることになる．

　では次に長方形の形を調べてみよう．

杉翔磨君（青柳小6）のレポートより

⌐ は□×3個分．□を面積1とすると，⌐ は面積3だから，作らなければならない長方形の面積は $3×15=45$

$$45 = 1×45,\ 3×15,\ 5×9$$

の3種類でしか長方形は作れない．$1×45$ は明らかに無理．そこで $3×15$ を考える．1辺3の長方形を作るには，さっきの事実より，

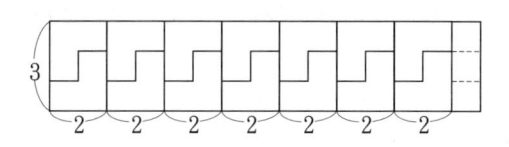

と左から $3×2$ の長方形を作ってうめていくしかない．しかしこれでは最後に $3×1$ が残って，⌐ でうめるのは不可能．

よって長方形は $5×9$ しかない．

以上のように，きちんと $3×15$ の長方形は作れないことを示したレポートは14通しかなかった．もちろん小学生だからきちんと証明しなくても正解だ．しかしできれば上のように $3×15$ が不可能である理由も書いてほしかった．

もう1つ，$3×15$ が不可能である証明を紹介しよう．これは一目で不可能であることがわかるくらい，素晴らしい解答だ．

山本浩氏のレポートより

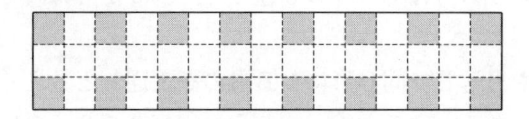

上図で，ピース1枚を2つ以上の黒マスの上に敷くことはできないから，全体を敷き詰めるには少なくとも黒マスの数だけ，つまり16枚のピースが必要になる．ところがピースは15枚しかないから，$3×15$ の長方形を作れない．

＊　　　　　　　＊

紹介した2つのレポートからもっと一般的なことがわかる．つまり，

図形の分割

3×偶数の長方形は，└┘で敷きつめて作ることができるが，3×奇数は作れない，ということだ．

ではいよいよ 5×9 の長方形を作ってみよう．多くのレポートの感想に何分も悩んだとか，10 分くらいかかったとかといったものがあったけど 10 分や 20 分ならかわいいものだ．問題によっては，何時間も，何日も考えこんでしまうことがある．でも算数ではこの考える時間はどれだけ長くても決して損はないのだ．考えることで算数的な考察が身についていく．だから諸君もあせらず思う存分考えこんでくれ．

5×9 の長方形の作り方は何と 96 通りもある．これからその 96 通りすべての作り方を紹介しよう．まずは考えやすいように角からうめていこう．

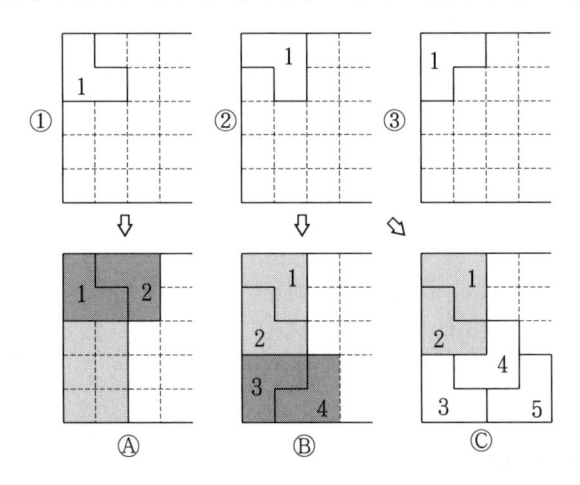

左上の角マスのうめ方は①～③の 3 通りで，①②からは Ⓐ～Ⓒ の 3 つの形に決まる．

しかし，回転や裏返しで同じ形になるものを 1 通りと数えることにすると，Ⓐ と Ⓑ は同じ形である．すると①，②からは Ⓐ，Ⓒ の 2 つの形しかできないことになる．では③から始めて，左端のマス目をうめるようにピースを置いていくとどうなるだろうか．実は，やはり Ⓐ か Ⓒ のどちらかにしかならないのだ．（確かめてみてね）

右端のマス目についても同じことになるから，両端のピースの配置は次の 6 通りになる．

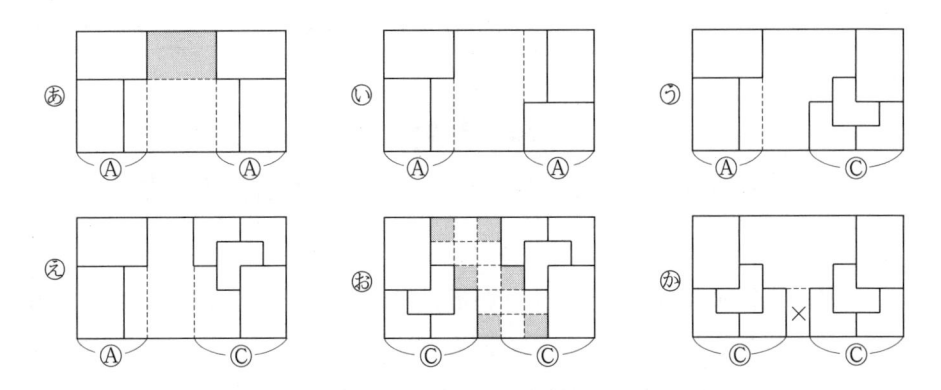

2×2の正方形から1個を切り取った図形15個で長方形を作る

上の6通りのうち，まず⑧は網目部分は 事実 よりうまるが，残った長方形が3×5で，3×奇数の長方形だから，不可能．⑧は山本氏のレポートと同じ方法で残りのピースは5つだからやはり不可能．⑩は，×のマスをうめることができずこれもダメ．というわけで残るは⑥⑨⑤の3パターン．この3つについて残るマス目をうめていこう．ここでは⑨の場合を調べてみる．

まず 事実 を使って網目部分の長方形を覆う．すると12～15の順でピースの位置が決まる．⑥，⑤についても同じように調べていくと次の3つの配置しかないことがわかる．（みんな確かめてみてね）

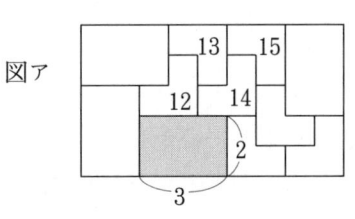

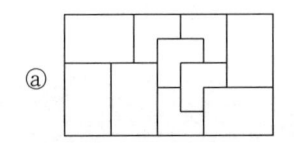

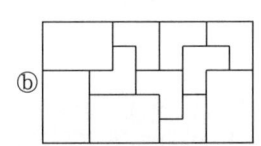

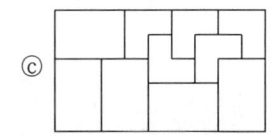

図アとあわせてこの4つが答えのすべてだ．小学生では唯一人，横田知之君（暁星小5年）がここまで調べてくれた．3×2の長方形の作り方は2通りある．⑧では5つの長方形があるから，5つの長方形の作り方の数，つまり，2×2×2×2×2=32(通り) の作り方がある．⑥では長方形4つだから2×2×2×2=16(通り)．⑥は5つで32通り．図アは4つだから16通り．合計すると，32+16+32+16=96(通り)の長方形の作り方があるのだ．

● 図形の分割

問題 2
6×6, 8×8 の正方形を2つに切り, 10×10 の正方形を作る

6×6 の正方形と 8×8 の正方形がある．この2つをそれぞれ2つに切り，組み合わせて，10×10 の正方形を作ってください．
色々なやり方を見つけてください．

この問題には 30 通のレポートが届いた．そのうち正解者は 27 名だった．色々なやり方があってレポートも個性的で，複数のやり方を発見したレポートも多かった．
ただやみくもに考えると大変だから，レポートを紹介する前に問題の考え方をまとめておこう．

まず，正方形の大きさは問題文では，6×6, 8×8, 10×10 となっているけど，一辺の長さを半分ずつにして，3×3 の正方形と 4×4 の正方形で 5×5 の正方形を作る，と考えた方が簡単だ．
次に，切り方について．切り方は無数にあるけど，基本的な考え方は下の図のように点線上を切っていくやり方だ．

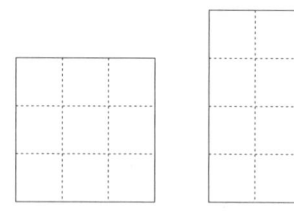

もちろんこれ以外にも切り方はありうる．
3辺の長さが，3, 4, 5 となっているから直角三角形を考えに入れて切り口をさがすというやり方だ．実際に何人かの人がこのやり方で考えていた．しかし，切り方を見つけた人は1人もいなかった．4×4 の正方形から長さ5を作るには，切り口を斜めに入れなければならない．僕も色々と考えてみたけど，

6×6, 8×8 の正方形を 2 つに切り, 10×10 の正方形を作る

斜めの切り口でできるかどうかは分からなかった．できないことを証明するのもとても難しいことなので，切り口は図のように正方形のます目に沿って切ることにしよう．

最後にもう 1 つ．この切り方では，長さ 5 を作ることができない．そこで 5×5 の正方形の 4 隅に着目する．3×3, 4×4 を切った 4 つの部分で，この

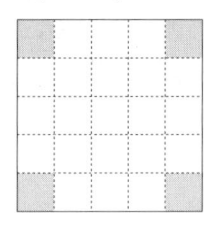

5×5 を作るわけだけど，長さ 5 が作れないので 1 つのパーツで 4 隅のうち 2 つ以上を同時に覆うことはできない．つまり，1 つのパーツで 1 つの隅しか覆えないので，各パーツは必ず 4 隅に配置しなければならないのだ．

以上のことをふまえて，レポートを紹介しよう．

(広崎拓登君（上菅田小 5 年）のレポートより)

まず，5×5 の正方形の上に，図 1, 図 2 のように 3×3 と 4×4 の正方形を置き，次に重なった部分を空いている部分へ持っていく，という考え方でいく．

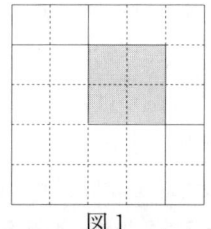

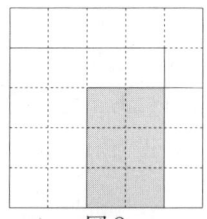

図 1　　　　図 2

図 1 の場合，空いている部分は 1×2 が 2 つなので，重なった部分を 1×2 の 2 つに切る．対称性から次の 2 つの方法がある．

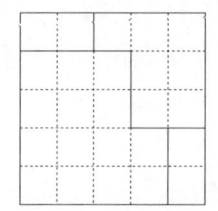

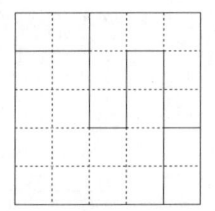

143

図2の方では，重なっている部分から長さ4のものは作れないので，空いている部分を

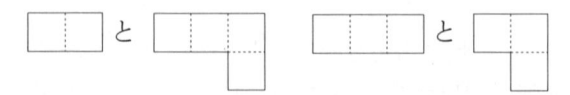

と　　　　　と

の2つで覆うしかない．上の2つのうち可能なのは前者だけなので，重なった部分をこの方法で2つに切る．やはり対称性から，次の5つの方法がある．

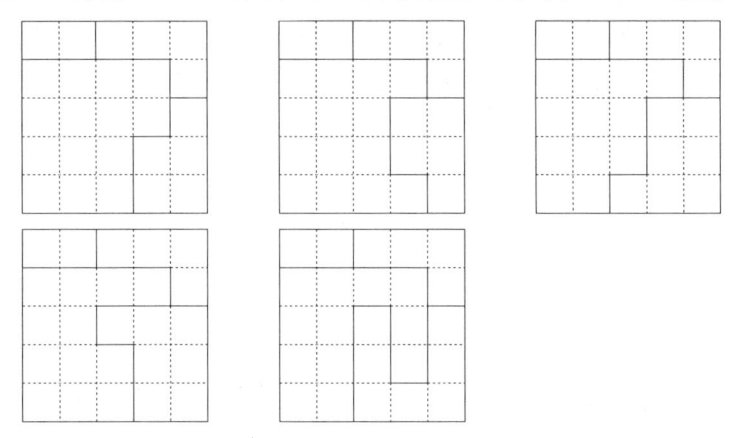

＊　　　　　　＊

このレポートだけでも合計7通りのやり方が見つかった．では，全部でいったい何通りの方法があるのだろうか．一番多くのやり方を見つけてくれた人で，22通りだった．どのように考えて，22通りも見つけたのか紹介しよう．

着目するのは，3×3の正方形．この正方形をどのように2つに分けるかで場合分けする．

面積によって分け方は，　　1と8, 2と7, 3と6, 4と5
の分け方がある．それぞれどのような分け方になるかを考えると，次の10通りになる．

・1と8

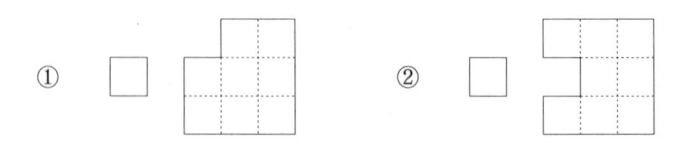

6×6, 8×8 の正方形を 2 つに切り, 10×10 の正方形を作る

・2 と 7

③　　　　　　　　　　　④

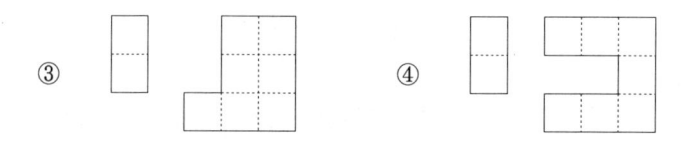

・3 と 6

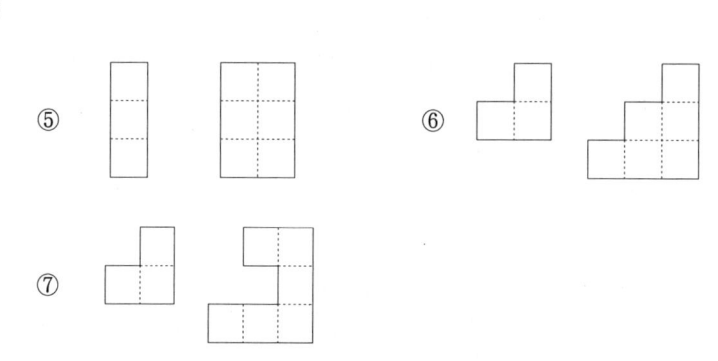

⑤　　　　　　　　　　　⑥

⑦

・4 と 5

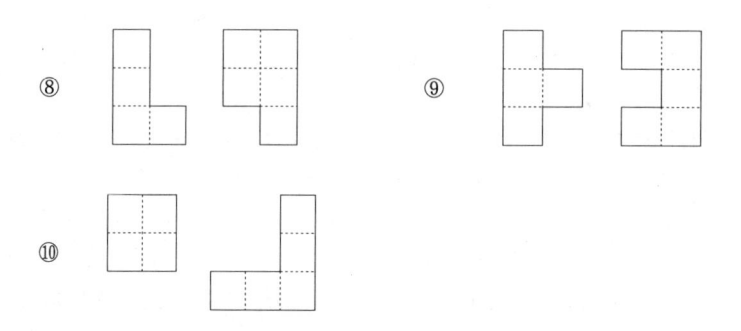

⑧　　　　　　　　　　　⑨

⑩

　この 10 通りを 1 つずつ調べていく.
　もちろん, できないものもある. ②, ⑥, ⑨はどうやっても無理だ. 逆に②, ⑥, ⑨以外の場合は複数のやり方が見つかる. 1 つずつ丁寧に調べていけば, 22 通り以上見つけることができるはずだ.

● 図形の分割

問題 3
4×4の正方形を合同な2つの図形に分ける

　4×4の正方形型のチョコレートがある．これを点線に沿って，同じ大きさ，同じ形の2つの部分に切り分けたい．切りとられるチョコの形は何通りあるだろうか．ただし，ひっくり返して同じになるものは1通りと考える．余裕のある人は4×6の場合も考えてみてください．

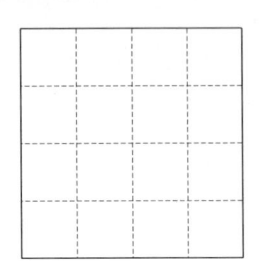

　この問題には，33通の解答が届いた．4×4の場合の正解者はそのうち23通．不正解のレポートの多くは1つだけ発見できず，正解の6通りよりも1つ少ない5通りとしているものだった．また，ひっくり返して同じになる型を重複して数えてしまっていたものもあった．

　この問題を正解するには，このように数え落としや重複する場合に気をつけなければならない．4×4の場合は，がんばってあれこれと探していけば正解できるだろう．しかし，4×6と，少し大きくなっただけでも，とても手さぐりで調べつくすのは大変だ．実際に4×6の場合に挑戦してくれた人はたくさんいたけど，すべてを見つけた人は，たった1人，土橋　悠君（豊里南小4年）だけだった．

　ところで，中心から対称に切っていく方法が，直観的に発見できるけど，対称でない切り方ははたしてないのだろうか．ないことを厳密に考えないといけないのだが，ちょっと難しいので，ここでは点対称な切り口しかないことを認めてしまおう．

　では，数え落としをしないようすべての場合を上手に調べることのできる解法を2つ紹介しよう．1つ目は，切り口に着目し，2つ目は，切りとる型に着目した解法だ．1つ目は早く，2つ目はわかりやすい考え方である．

4×4の正方形を合同な2つの図形に分ける

まず，切り口が必ず正方形の中心を通ることに着目する（中心を通らないとチョコの中心部分の2×2の4個が一かたまりとなって困ってしまう）．中心を必ず通るのだから，中心から外へと出るような切り口を考えていこう．

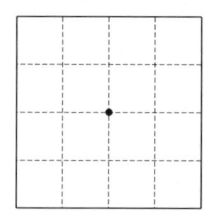

この中心から外へと出る切り口を，中心に対して180°回転させるとどうなるだろうか．対称性から，同じ形，同じ大きさに切断する切り口になるのだ．

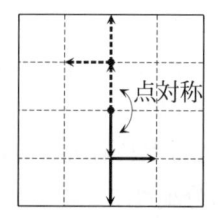

最初は対称性からどの方向に進んでも同じだから，下に進むことにする．次に進む方向は，3方向あるけど，やはり対称性から左右どちらに進んでも同じだから，下か右に進むことにしよう．下に行くと外に出て切り口が決まる．右に進むと，さらに3方向の可能性がある．

以上のように考えて，下図の点Aまで進む．ここまでで，中心から外への出方は6通りある．中心から外への出方は対称性から考えてこの6通りしかない（AからBに進むと，180°回転したときに切り口が重なってしまう）．

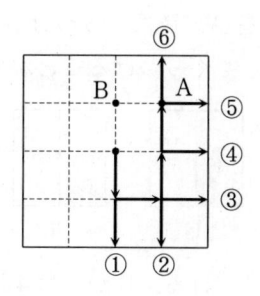

よって，答えは **6通り**

*   *

図形の分割

もう1つの解法を紹介しよう．

松崎遥君（植竹小6年）のレポートより

まず外側の12マスを2つに分けることを考える．切り方は中心に関して点対称な切り口なので，6マスずつ2つに分かれる．

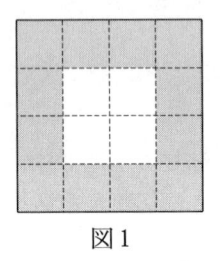

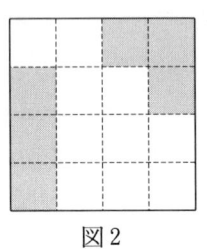

図1　　　　　図2

そして，この6マスはつながった6マスでなければならない．なぜなら上の図2のように2つにはなれている場合には，1切れとして切りとるには，この2つにはなれた部分をうまくつなげなければならないが，外側のマスを使わずにつなぐと，残る部分が2つに分かれてしまう．

以上から，つながった6マスは下のA，B2通りが考えられる．

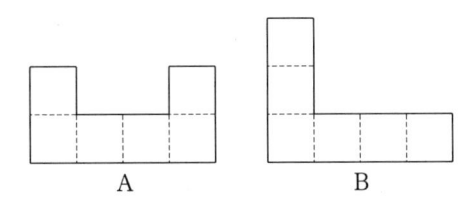

A　　　　　B

1切れ分は，4×4÷2＝8で8マス分だから，残るマスは2マス分．中央の2×2の正方形から2マス分をA，Bにくっつければよいが，次の2通りの分け方のうち，Ⅱは1切れとしてくっつけることができない．

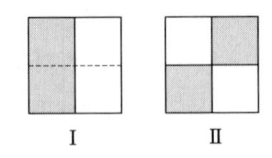

Ⅰ　　Ⅱ

よって，ⅠをA，Bにくっつける．Bからは4通りできるけど，Aの方は同じ形のものと，1切れにならないものが出てくるので2通りで，合計**6通り**になる．

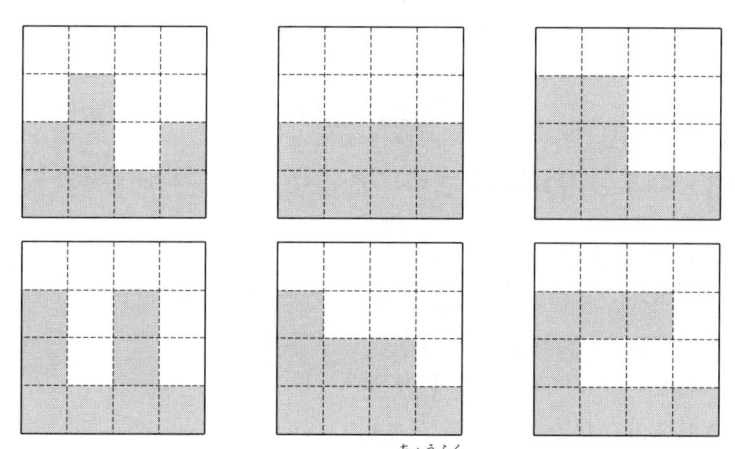

4×4の正方形を合同な2つの図形に分ける

この2つの方法でやると、数え落としや重複の危険が少ない．では第2の解き方で，4×6の場合も考えてみよう．

まず，外側の16マスを8マスずつに分けると次の5通りが考えられる．

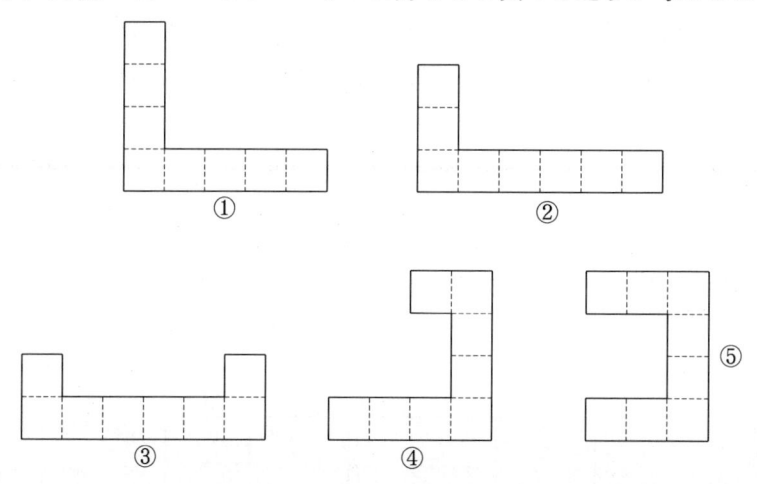

次に，ど真ん中の2×2の部分にIを①〜⑤にくっつけて，残る4マスから2マスをうまくくっつけていく．実際にやってみてくれ．

ちなみに，でてくる答えは，①から13通り，②から13通り，③から6通り，④から10通り，⑤から4通りで，合計**46通り**が答えだ．

図形の分割

問題 4

13×154 の長方形をできるだけ少ない正方形に分ける

2002年の W 杯日韓共催(さい)をお祝いして，2002＝13×154にちなんだ問題．2辺の長さが13，154の長方形をできるだけ少ない個数の正方形に分けたい．例えば，1×1の正方形2002個に分けるのは簡単だけど，上の図のように，13×13の正方形を作れば，正方形の個数はずっと少なくなる．

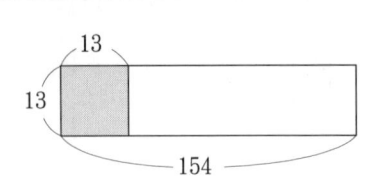

様々な大きさの正方形を組み合わせて，正方形を何個まで減らせるだろうか．最も少ない個数とその分割(ぶんかつ)方法を書いてくれ．

なお，その分割が正方形の個数を最小にすることは，別に証明しなくてもいい．

この問題には，60通ものたくさんの応募があった．しかし，不正解だった人もまたたくさんいた．その不正解であった解答のほとんどが下の分割方法だった．

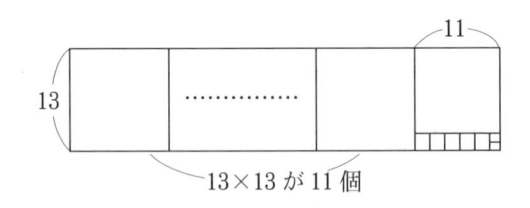

この分割方法は，できるだけ大きな正方形を左から順に作っていく方法だ．この方法でいくと正方形の個数は，11＋1＋5＋2＝19（個）となる．では，なぜこの方法が不正解なのだろうか．

13×13 の正方形を11個作るところまではよさそうだけど，その後に

13×154 の長方形をできるだけ少ない正方形に分ける

11×11 の正方形を作ってしまったところがまずかったのだ．

11×11 の正方形を作ったことで，残りの部分が 2×11 という長細い長方形になってしまう．この長方形をうめるだけでも 7 個もの正方形が必要になってしまう．目先のことに欲ばって 11×11 の正方形を作ってしまうと，全体として損をしてしまうのだ．

そこで 13×11 の長方形を，11×11 の正方形を使わずに分割する方法はないのだろうか．そう考えていくうちに正解である次の方法がみつかるはずだ．

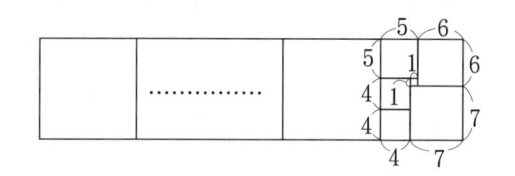

この方法でいくと，正方形の個数は 11+6=**17**（個）．

先ほどの方法よりも 2 個も少なくなる．

見事この方法を見つけた人は 60 人中 31 人．

17 個の方法は見つかったのだけど，それ以下の個数では不可能なのだろうか．結論からいうと 16 個以下では不可能なのだけど，ちょっと考えてみなければならない．

17 個の正解の方法をみつけた諸君の感想にもあったのだけど，最初はやはり 19 個で分割する方法をみつけたそうだ．そこで 18 個以下の方法はないのだろうか，と考えているうちに 17 個の方法を見つけるにいたった，そういう感想がほとんどだった．つまり人間は現状に満足せずに，よりいいものを常に考え，作り出していかないといけない．もちろん数学においてもそうなのだ．17 個の方法を見つけたら，16 個以下の方法はないのかと考えてみなければならない．しかしこのままでは，どこまでいっても何個が正解なのか自信がもてない．そこで数学には証明という方法がある．つまり 16 個以下ではできないということを証明してしまえばいいのだ．だけど，証明という方法は小学生の諸君には難しいことだ．そこで単に，13×11 の長方形は一辺の長さが整数の 5 個以下の正方形に分割することはできないことを証明してみよう．

まず 11×11 の正方形を使うことはできないことを示そう．対称性を考えると，11×11 の正方形を使うとすると次の 2 つの方法がある．

151

図形の分割

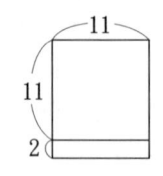

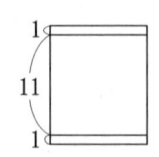

それぞれ，2×11，1×11 の長方形が残る．この長方形を 4 個の正方形でうめることができればいいが，どうみても 4 個どころのさわぎではない．数学的に証明すると，次のとおり．

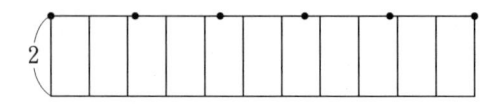

2×11 の長方形で，上のように各点を 2 よりも少し大きな間隔でとる．するとこの 6 点はどれも同じ正方形に含まれることはない．つまり少なくとも 6 個以上の正方形が必要になり，4 個では不可能．1×11 の場合も同様に 4 個以下では不可能になる．

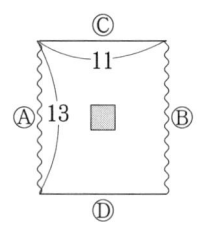

次は，上のように向かいあう 2 辺に着目してみる．13×13 の正方形は作れないから，Ⓐ，Ⓑ各辺には少なくとも 2 つの正方形がくっつくことになる．全体で 5 個以下の正方形で覆うためには，Ⓐの辺に 2 個，Ⓑの辺に 2 個の正方形が接する場合と，対称性からⒶに 2 個，Ⓑに 3 個の正方形が接する場合の 2 通りが考えられる．これは上下の 2 辺についても同様で，11×11 の正方形は使えないとわかったから，Ⓒ，Ⓓの各辺には少なくとも 2 個の正方形が接することになる．

そこで，一辺が 7 以上の正方形を入れることを考えてみよう．

この正方形はどこに入れても，上の図のまん中にある網目の正方形を必ず含むことになる．一辺 7 以上の正方形をⒶに接しないように置いた場合には，Ⓐには 2 つの正方形しか接しないから少なくとも一辺が 6.5 以上の正方形がⒶ側

13×154 の長方形をできるだけ少ない正方形に分ける

に接していないといけない．しかし，6.5以上の正方形は必ず図の網目の正方形と重なる部分ができてしまう．この網目の正方形は一辺7以上の正方形に含まれているから，つまりこの正方形はⒶに接するように配置しないといけない．下のようにⒶに

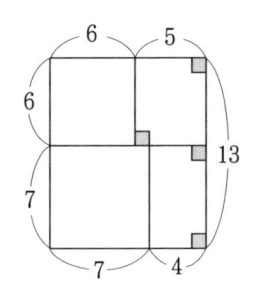

接するようにこの正方形を配置すると，Ⓐには2つの正方形しか接しないので6×6の正方形が決まる．すると図の網目の正方形を2つ同時に含むような正方形はないので少なくともあと4つの正方形が必要になる．合計で6個以上になってしまう．つまり一辺7以上の正方形を使うと，全体で6個以上の正方形が必要になるのだ．

　すると残るは，一辺の長さが整数ではない正方形の場合だ．しかし一辺の長さを小数にしてもやはり上と同じく無理であることがわかるのだ．

図形の分割

問題 5
正方形を鋭角三角形に分ける

正方形をいくつかの三角形に分割します．そのとき，すべての三角形が鋭角三角形（どの角も90°より小さい三角形）になるように分割してください．

余裕のある人は，鋭角三角形の個数をどこまで少なくできるのか，挑戦してみてください．

ただし，三角形 ABC が鋭角三角形になるには，点 A が BC を直径とする半円の外で，右図の網目部分内にあればよい．

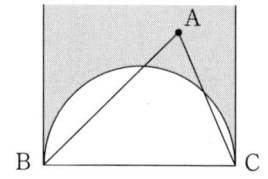

この問題には，14通の応募があり，見事全員が正解だった．各自，色々な工夫をしていて分割方法も様々だった．では，さっそくレポートを紹介していこう．

> 道満剛之君（大社小5年）のレポートより

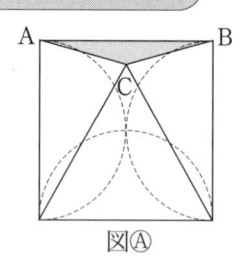

図Ⓐ

問題文のヒント（鋭角三角形になる条件）を使って，上図のように3つの鋭角三角形を作る．すると網目の三角形は鋭角三角形にならない．ここで工夫して，この三角形を2つくっつけてみると，次の図のように2つの二等辺三角形（三角形 ACD，三角形 BCD）になり，この2つの二等辺三角形は鋭角三角形

になっている．

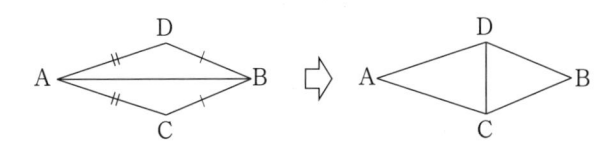

もとの正方形を4つの正方形に分割して，図Ⓐの分割をすると，上の考え方が使えて，正方形を16個の鋭角三角形に分割できる．

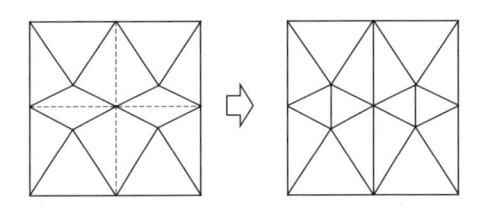

松本久志君（京橋築地小6年）のレポートより

まず正方形の対角線を結び，2つの直角二等辺三角形を作る．そしてこの直角二等辺三角形を鋭角三角形に分割する方法を考える．

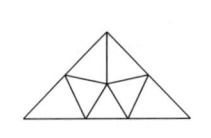

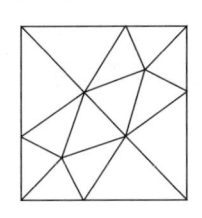

すると，上の左図のようにまん中に五角形を作るようにするとうまくいく．この分割でいくと，正方形を14個の鋭角三角形に分割できる．

＊　　　　　　　　　＊

2つのレポートを紹介したのだけど，この2つの考え方を組み合わせると，もっと鋭角三角形の個数を少なくすることができる．

直角二等辺三角形を鋭角三角形に分割する方法は，鈍角三角形（90°より大きな角をもつ三角形）でも使えるのだ．

最初のレポートの図Ⓐには鈍角三角形がある．この鈍角三角形を直角二等辺三角形と同じ方法で鋭角三角形に分割すると，正方形を10個の鋭角三角形に分割できる．

図形の分割

* *

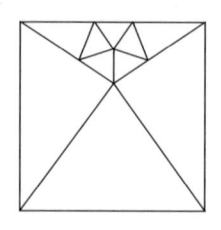

では，いよいよどこまで鋭角三角形の個数を少なくできるのか，考えてみよう．

そこで諸君に，とても役に立つ法則を1つ紹介しておこう．

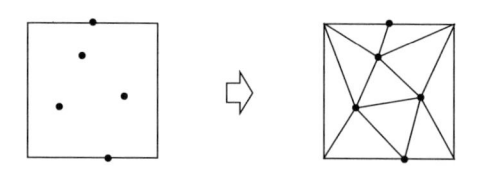

まず上左図のように，正方形の中に3点，そして辺上に2点があるとする．この5点を使って正方形を三角形に分割する．ただし，線を結ぶ直線同士が交わらないようにすること．

さて，三角形は何個できたかな．10個になっただろう．諸君は上の右図のような分割をしただろうか．きっとちがう分割をした人がいるはずだ．何と，どんな分割方法でも，三角形の個数は絶対に10個になるのだ．その理由を紹介しよう．

分割された三角形の個数を N として，三角形の角度の和に着目する．この N 個の三角形のすべての角の和は，$180° \times N$ になる．

今度は，5つの点に着目して三角形の角の和を考えてみる．まず，正方形の内部にある3点のまわりの $360°$ は必ず N 個の三角形のどれかの角になっている．さらに，辺上にある2点のまわりの $180°$ も同じ．最後に正方形の4つの $90°$ もそうだ．以上3つの合計，$360° \times 3 + 180° \times 2 + 360°$ が N 個の三角形の角のすべての和に等しくなるはずだ．つまり，

$$180° \times N = 360° \times 3 + 180° \times 2 + 360°$$

両辺を $180°$ でわると，

$$N = 2 \times 3 + 1 \times 2 + 2 = 10$$

つまり三角形の個数は 10 個．これが，どんな分割方法でも三角形の個数が常に 10 個になる理由だ．

この考え方を使うと，正方形の内部に n 個の点，さらに，正方形の辺上に m 個の点がある場合，これらの点を使って正方形を三角形に分割すると，三角形の個数 N は，

$$N = 2 \times n + 1 \times m + 2$$

になることがわかる．

この法則を使って，この問題を考えてみよう．

まず，正方形の内部に 1 点をとって鋭角三角形に分割できるかどうか，やってみるとどうだろうか．色々と試してみると，うまくいきそうにない．

そこで，内部に 2 点をとってみる．

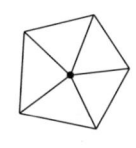

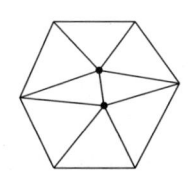

まず 1 点のまわりの鋭角三角形は，少なくとも 5 つある（4 つ以下だと 360°にならない）．

2 点あると，2 倍の 10 個，とはならない．上の右図のように，8 個の鋭角三角形でまわりをうめることができる．

正方形の内部に 2 点をとると，最低でも 8 個の鋭角三角形が必要になるのだ．この 8 個での分割ができれば，この問題の最も少ない個数の分割になるわけだ．

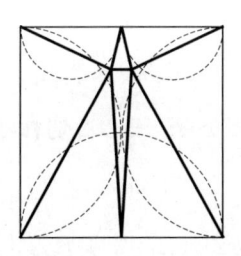

上の式から，正方形の辺上の点は 2 個になるはずだから，内部に 2 点，辺上に 2 点をとって考えてみる．さらに問題文のヒントを使って考えると，上図の分割に出会えるはずだ．ちなみに，3 人がこの分割を発見していた．

● 図形の分割

問題 6
2つの円と1つの半円を分ける

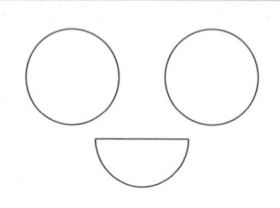

ケーキが2つと半分ある．このケーキを11人の子供たちに，2切れずつあげることにする．どの子供も同じ大きさ，同じ形のものにする（ただし，大きさと形のちがう1切れずつにしてよい）には，お母さんはこのケーキをどのように切ればいいだろうか．
色々な切り方を見つけてくれ．

この問題には19通の応募があった．そのうち18名が正解で，とても正解率が高く嬉しかった．一方で，このようなパズルっぽく面白そうな問題にもっと多くの読者が挑戦してレポートを送ってきてほしかった．

では解答にうつろう．まずは一番自然な解答を紹介しよう．

ケーキは2つと半分あるから，$2+\frac{1}{2}=\frac{5}{2}$（個）あると考えると，子供1人分のケーキの量は，$\frac{5}{2}\div 11=\frac{5}{22}$

これを2切れでもらうのだから，その2切れは，$\frac{1}{22}$ と $\frac{4}{22}$，$\frac{2}{22}$ と $\frac{3}{22}$ と考えることができる．

まずは，$\frac{1}{22}$ と $\frac{4}{22}$ の大きさでケーキを分けられるか考えてみよう．半分のケーキは $\frac{11}{22}$，1個のケーキは $\frac{22}{22}$ と考えて，以下計算を簡単にするために分子の数のみに着目することにしよう．最初に半分のケーキを分けてみる．

2つの円と1つの半円を分ける

　半分のケーキを分けるには，1と4をいくつかたして，合計11になればいい．1を○個，4を△個で11が作れるとすると，
$$1 \times \bigcirc + 4 \times \triangle = 11$$
となる．この式をみると，△は，0，1，2の3通りしかないことがわかる．

　まず△＝0，つまり半分のケーキを $\frac{1}{22}$ の大きさに11等分する方法を考えてみると，残った2つのケーキを $\frac{4}{22}$ の大きさに11等分しなければならないが，これは無理だ．なぜなら1つのケーキを $\frac{4}{22}$ ずつ切っていくと最後に $\frac{2}{22}$ が残ってしまうからだ．

　次に△＝1のとき．

　△＝1のときは○＝7だから，半分のケーキを $\frac{1}{22}$ を7つ，$\frac{4}{22}$ を1つに切る．残りは $\frac{1}{22}$ が4切れ，$\frac{4}{22}$ が10切れ必要．同じように1個のケーキの分け方は，1と4をたしていって22を作ればいい．ただし，1はあと4つしか使えないので，切り方は限られてくる．そこで計算すると，
$$4 \times 5 + 1 \times 2 = 22$$
となり，2つのケーキともこの切り方でいくと見事に成功する．

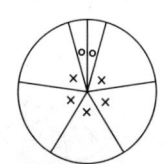

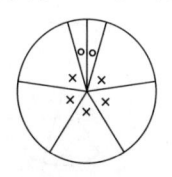

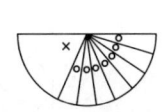

　△＝2のときも同様だ．$1 \times 3 + 4 \times 2 = 11$

　残るは1が8個，4が9個，これらで22を2つ作ればいい．すると次の2つの式が出てくる．

　　$4 \times 5 + 1 \times 2 = 22$, $4 \times 4 + 1 \times 6 = 22$

　つまり，1つのケーキを $\frac{4}{22}$ を5つ，$\frac{1}{22}$ を2つに切り，残り1つを $\frac{4}{22}$ を

図形の分割

4つ, $\dfrac{1}{22}$ を6つに切ればいいのだ.

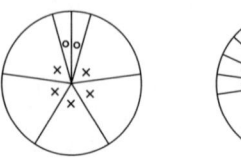

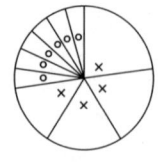

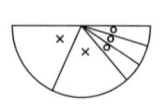

以上で, 2切れを $\dfrac{1}{22}$ と $\dfrac{4}{22}$ にすると, 2つの解答が出てくることがわかった.

同じようにして, $\dfrac{2}{22}$ と $\dfrac{3}{22}$ の場合も調べる. これは諸君にまかせよう. この場合には次の3つの解答が出てくる. ちゃんと確認してみてくれ.

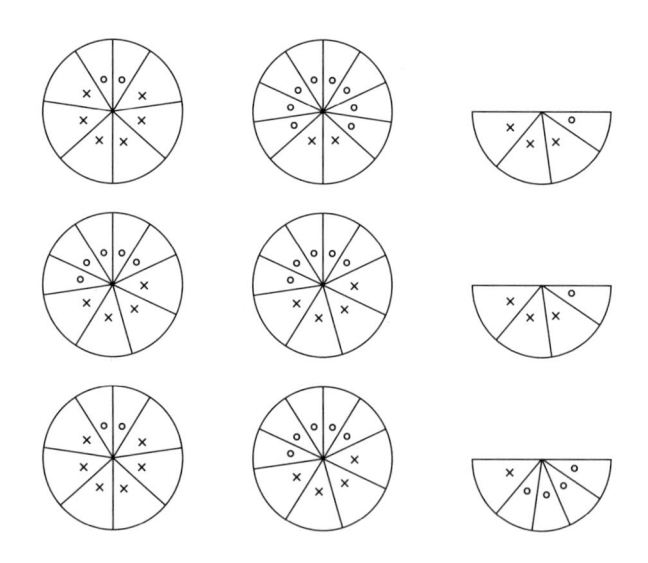

以上の3つ. 合計すると5つの解答がわかった.

この解答以外にも次のような解答がある.

まず, 2個のケーキを5等分する. これで $\dfrac{1}{5}$ の切れが10個できる. そして半分のケーキからも $\dfrac{1}{5}$ を切る. これで $\dfrac{1}{5}$ は11個. 後は, 残ったケーキを11等分すればいいのだ.

2つの円と1つの半円を分ける

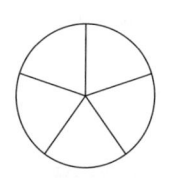

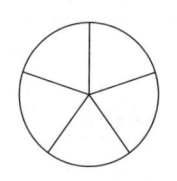

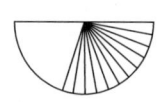

さらにもう1つの解答も紹介しよう．この解答も基本的には5等分するさっきの解答と似た考え方だ．まず1つのケーキを6等分する．そして半分のケーキを3等分する．切り取られたケーキの大きさはどれも$\frac{1}{6}$．これが9個できる．後は残るケーキから$\frac{1}{6}$を2つ切って，残りの部分を11等分すればいいのだ．

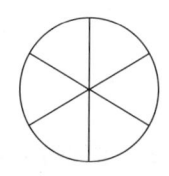

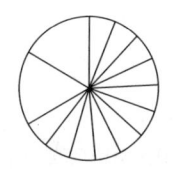

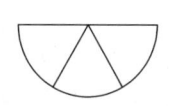

解答はこれだけかというとそうではない．横田知之君（暁星小5）はさらに次の2つの解答を見つけてくれた．5等分する解答をひとひねりした解答だ．

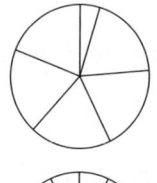

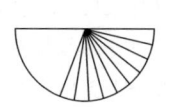

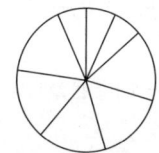

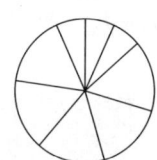

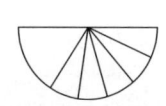

各切れの大きさは，半分のケーキに着目して，2つの切れの和が$\frac{5}{22}$であることを使えばすぐにわかるよ．

ここまでくると以上9通りの解答以外に切り方はないのだろうかと不安になってくる．そこで調べてみたところ，これ以外の解答はないことがわかったけど，この証明はちょっと難しすぎて，ここでは紹介できない．興味のある人は，挑戦してみてくれ．

● 図形の分割

問題 7

30×40×40 の直方体を立方体に分ける

　30×40×40 の直方体のケーキが 3 つある．このケーキの表面は完全にチョコレートで塗ってある．この 3 つのケーキを，48 人の生徒に平等に分けたい．平等とは，
　① 全員，10×10×10 の切れを 3 個ずつ貰う
　② 塗ってあるチョコレートの量も等しい
の 2 点．
　さて，平等に分けることは可能だろうか．可能なら分け方を，不可能ならその理由を書いてください．
　余裕のある人は，30×20×40 の直方体のケーキ 4 つの場合はどうかも調べてください．

　この問題には，57 通の応募があった．正解者は 47 名で，余裕のある人の問題の正解者はそのうちの 30 名だった．レポートの感想に「ぼくはケーキの底にもチョコレートをぬるとして考えたけど，横でお母さんが，ケーキの底には『絶対，チョコレートをぬれません』とさわいでいます」というのがあったけど，愉快な感想だね．
　さて，この問題はしっかりと戦略をたてれば，それほど難しくはなかっただろう．

まず，直方体 3 つに塗ってあるチョコレートの量から，1 人がもらうチョコレートの量はいくらか，を計算する．次に，切り分けた 10×10×10 の小立方体には，チョコレートが塗ってある面が何面あるのかを調べる．この 2 つが決まれば，この問題を解くのもあと一歩だ．

　それでは，レポートを紹介しよう．

> 30×40×40 の直方体を立方体に分ける

光根　歩さん（文京小6）のレポートより

　チョコレートの量は，30×40×40 の直方体の表面積と同じだから，ケーキ3つでは，

　　(30×40×2＋30×40×2＋40×40×2)×3＝8000×3＝24000

これを 48 人に等しく分ける．

　　24000÷48＝500

1人 500 ずつ．

1つの面の面積は 10×10＝100 だから，

　　500÷100＝5

1人がもらう3つの小立方体で，合計5つの面がチョコレートで塗られていればいい．

次に，切り分けた小立方体のチョコレートの量を調べる．

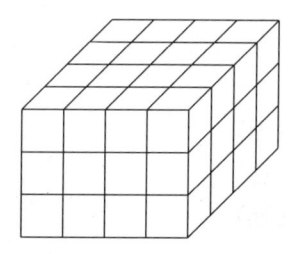

3面にチョコレートが塗ってある　……………………………8個
2面にチョコレートが塗ってある　……………………………20個
1面にチョコレートが塗ってある　……………………………16個
0面（チョコレートが塗ってない）　…………………………4個

直方体3つを合わせると，

　　　3面………24個
　　　2面………60個
　　　1面………48個
　　　0面………12個

1人が，3つの小立方体で，合計5面のチョコレートをもらうので，5面のもらい方を調べると，

　　(1面, 2面, 2面), (1面, 1面, 3面), (0面, 2面, 3面)

図形の分割

の3通りがある．

ここで，0面に着目すると，0面をもらう方法は（0面，2面，3面）の1つしかない．

0面は12個あるので，12人の生徒が，（0面，2面，3面）をもらう．

残りは，　　　3面………12個
　　　　　　　2面………48個
　　　　　　　1面………48個

次に3面をもらう方法．

（1面，1面，3面）を見ると，3面の小立方体は，このもらい方でしか使えないので，12人の生徒がこのもらい方になる．

残りは，　　　2面………48個
　　　　　　　1面………24個

あとは，（1面，2面，2面）のもらい方しか残っていないが，ちょうど残り24人分になる．

以上から，答えは，

　12人が（0面，2面，3面），
　12人が（1面，1面，3面），
　24人が（1面，2面，2面）

となる．

　　　　　　　　　　　　＊　　　　　　　　　　＊

正解者のほとんどの人がこのような解き方だった．また，3つの直方体ではなく，まずは1つで16人に分けてそれを3倍しても正解だ．こうすれば，数字が小さくてやりやすいだろう．

感想の中で，積み木を使って考えてくれたという人もいたけど，数字を小さくして考えれば，家にある積み木で考えることができる．

では，30×20×40の直方体4つの場合にいこう．考え方はまったく同じだ．まず，チョコレートが合計何面に塗ってあるのか，計算すると，

　　　$(3×2×2+3×4×2+2×4×2)×4=52×4=208$

合計208面を48人で分けると1人分は，

　　　$208÷48=4.3333…$

整数にならない．1つの小立方体に塗ってあるチョコレートの面数は当然整

数だから，どうやっても，4.3333…なんて不可能だ．

よって，30×20×40 の場合は**不可能**．

＊　　　　　　　　　＊

今度は不可能になったけど，それは1人分のチョコレートの面数が整数にならなかったからだ．計算するだけなのだけど，残念なことに計算まちがいをしてしまった人もいた．整数にならないことだけ分かればいいのだから，こんな確認方法もある．

48 は，4＋8＝12 で，3 の倍数．

一方 208 は，2＋0＋8＝10 で，3 の倍数ではない．

だから，208÷48 は整数にならない．

これでもいい．できるだけ計算をへらして，まちがう可能性を少なくするのも大切なことだ．

図形の分割

> ### 問題 8
> ### 6×6の正方形に1×4の長方形を敷く
>
> 　6×6の正方形の床の上に1×4のタイルを敷く．この正方形の中に何枚のタイルを敷くことができるだろうか．また，7×7の正方形の場合はどうか．
> 　余裕のある人は，タイルの大きさを2×4にして，6×6，7×7の2つの正方形についても考えてみて下さい．
> 　もちろんタイルが重なったり，はみ出したりしてはいけない．

　この問題には40通のレポートが届いた．
　6×6の正方形の場合は全員正解だったけど，7×7になるとまちがいも多く，正解者は29名だった．タイルの大きさを2×4にした場合の正解者は36名で，みんな苦労したみたいだ．

ではさっそくレポートを紹介しよう．

土橋　悠君（豊里南小6年）のレポートより

6×6の正方形の場合．
　　$6×6÷4=9$
9枚までおける可能性がある．
9枚おくには，1マスも空白がないようにする必要がある．
　従ってまず①をおくと，②，③をおくしかない．
　②，③をおくと，④，⑤をおくしかない．
　④，⑤をおくと，⑥，⑦をおくしかない．
　⑥，⑦をおくと，⑧をおくしかない．
　これ以上おけないので，おけるのは8枚．

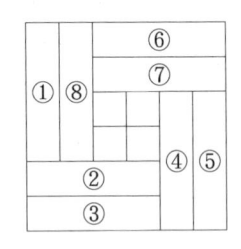

7×7の正方形の場合.
　　7×7÷4＝12…1
6×6の場合と同じ方法でおいていくと，**12枚**おける．

タイルの大きさを2×4にした場合.
6×6の正方形の場合.
　　6×6÷8＝4…4
右のように**4枚**おける．

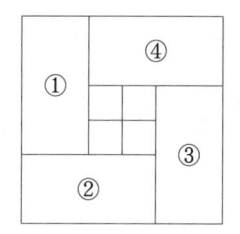

7×7の正方形の場合.
　　7×7÷8＝6…1
実際にやってみると**4枚**しかおけない．
これ以上は無理．

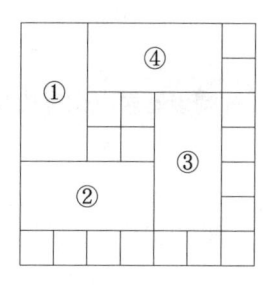

　　　　　　　　　＊　　　　　　　＊

7×7の正方形の中に2×4のタイルをおく場合がちょっと不安だけど，他の3つの場合は良さそうだ．

レポートの中で多かったまちがいは，7×7の場合に10枚しかおけないとしたものだった．

6×6で図のようなおき方を見つければ，7×7の場合も12枚のおき方を発見できたはずだ．6×6でいろんなおき方を見つけておくのも，7×7を考える上で大切なことなのだ．

実際にやってみたらこれ以上無理だった，という説明では説得力がない．土橋君の考え方で十分なのだけど，もっと大きな正方形になった場合でも応用できるように，ちょっと高度な考え方を使って6×6の場合に9枚がおけないことを示してみよう．

図形の分割

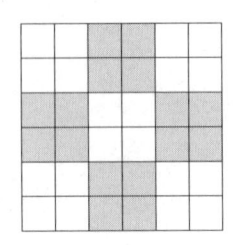

6×6を上のように白黒に分ける．
1×4のタイルをどうおいても，白黒ともに2マスずつ含む．
黒マスは全部で16個あるので，タイルは多くても8枚までしかおけない．
残るは，7×7の正方形に2×4のタイルを入れる場合の証明だ．4枚までおけることはわかったけど，空白部分も多くあって，5枚目がおけるかどうかはっきりとさせておかないといけない．
唯一，片岡俊基君が証明してくれたので，彼のレポートを紹介しよう．

> 片岡俊基君（山室山小4年）のレポートより

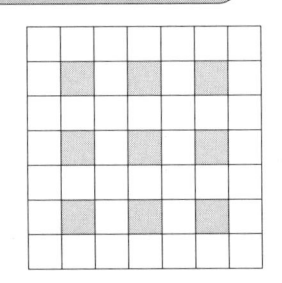

7×7の場合は上のように正方形を白黒でぬる．
2×4のタイルをどのようにおいても，黒マスを2個含む．
黒マスは9個しかないから，2×4のタイルは4枚までしかおけない．

＊　　　　　　　　　　＊

この白黒にマスをぬり分けるという考え方を使うと，どんな場合でも最善のおき方を見つけることができる．
たとえば6×6を次のようにぬり分けると，1×4のタイルをどうおいても，1つの黒マスを含むことになる．黒マスは合計8マスだから，1×4のタイルは8枚までしかおけないことがわかるのだ．

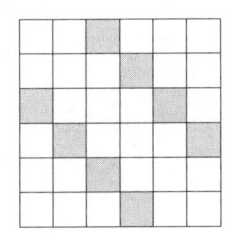

7×7でもうまく12個の黒マスを作ることができる．

ちょっと面白いことを考えてみよう．

6×6の正方形に1×4のタイルを8枚おくと，どのマスが空になるだろうか．

ほとんどのレポートでは，空いたマスは2×2の小正方形となっていた（前ページの上の図の白マス部分）．小正方形以外の穴のあき方をさがしてみよう．

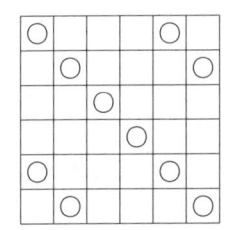

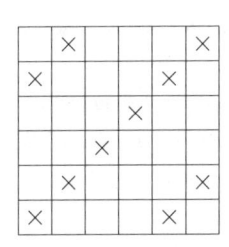

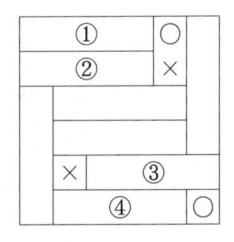

まずは6×6の正方形の10個のマスに，上の左図のように○をつける．

1×4のタイルはどうおいても○1つしか含まないので，8枚おくと，2つの○があまる．この2つが空白のマスになる．

同じように90°回転して，上の中図のように×を10マスにつける．

こちらも，×マス2つがあまる．4つの穴のうち2つが○，2つが×になるわけだ．

1つ例をあげると，上の右図のようなおき方もある．①～④は独立して動かせるので，穴の位置はいろいろと変えられる．

これ以外にも可能性はある．さがしてみてね．

1つのおき方を見つけても，それが最善だということをきちんと証明しないといけない．もしどうがんばっても証明できないようだと，自分の見つけたおき方よりももっといいおき方があるのではないかと疑ってみる必要がある．そうしているうちに，よりよい方法を見つけると，また1つ数学の楽しさを味わうことができるはずだ．

● 図形の分割

問題 9

2×7×7 の直方体の中に 1×2×4 の直方体を入れる

　2×7×7 の直方体の中に 1×2×4 の直方体を何個入れることができるでしょうか．

　また，4×5×7，3×5×7 の直方体には，1×2×4 の直方体はそれぞれ何個ずつ入るでしょうか．

　余裕のある人は，7×7×7 の立方体の場合，1×2×4 の直方体が何個入るか，調べてみてください．

　この問題には，24 通のレポートが届いた．

　2×7×7，4×5×7，3×5×7 のすべてに正解した人は，そのうち 5 名だった．3×5×7 の場合で多くの人がまちがっていた．この 3 つの場合でもこの正答率なのだけど….

　実は，この出題の目的は次の 7×7×7 の場合を考えてもらおうというものだった．2×7×7，4×5×7，3×5×7 はどれも 7×7×7 を考える上でのヒントだったのだ．いきなり，7×7×7 の場合を出題すると，とてもじゃないけど解くのは無理だろう．数学者が何年もかかってやっと解けたほどの難問だ．

　最初の 3 つの場合がヒントだと気付き，7×7×7 の場合も見事に正解した人は，たったの 1 人，**片岡俊基君**だけだった．

では順番に解いていこう．
- 2×7×7 の場合．

　問題 8 で解説したとおりに考えれば一瞬だ．

　平面で 7×7 の正方形の中に，1×4 のタイルは 12 枚おける．それぞれの高さが 2 になったと考えればまったく同じ問題だ．

　というわけで，正解は，**12 個**．次のようなおき方がある．

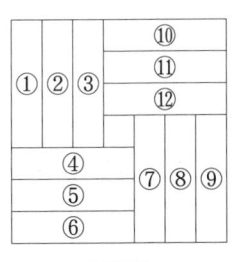

　　　　1段目 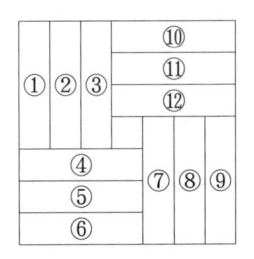　　　　　　　2段目

- $4\times5\times7$ の場合．

$$(4\times5\times7)\div(1\times2\times4)=17\cdots4$$

というわけで，最大17個までおける可能性がある．

　ここで1つ，大切なことに気付いておこう．

　$1\times2\times4$ の直方体はどの面も，面積が偶数であることだ．一つの $1\times2\times4$ で面を覆える可能なマス目の数は，2，4，8の3種類しかない．

　このことを頭に入れておき，$4\times5\times7$ の場合を考えてみよう．

　5×7 の面を底にしてみると，$1\times2\times4$ では偶数ずつしか各マスを覆えないから，$5\times7=35$（マス）すべてを覆うことはできない．5×7 が4段あるのだから，各段につき，1マスずつは空きマスができてしまう．17個の $1\times2\times4$ をおくには，各段に1マスずつの空きしか許されない．

　実際においていくと，次のようなおき方がみつかる．

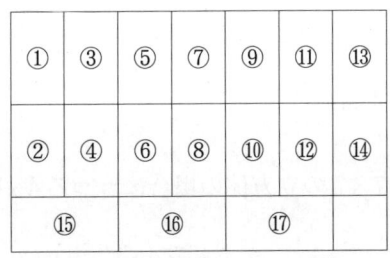

1段目〜4段目まですべて同じ

というわけで，$4\times5\times7$ の場合は，**17個**．

- $3\times5\times7$ の場合．

　$4\times5\times7$ の場合と同じように考えてみよう．

　5×7 の面を底におく．やはり，各段につき，1マスは空きマスができるので，最低でも3マス（3段分）の空きマスがある．

171

図形の分割

$$(3\times5\times7-3)\div(1\times2\times4)=12\cdots6$$

つまり，12個までしかおけない．

4×5×7の場合を参考にして，12個おけるかどうか調べてみると，

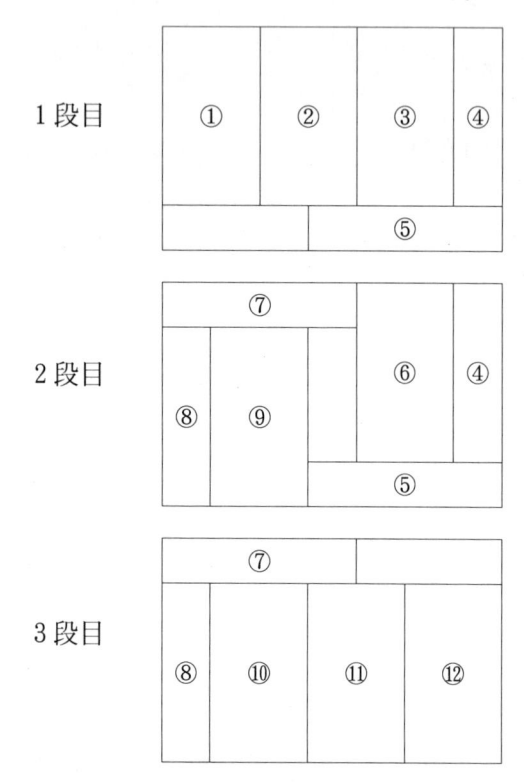

1段目

②②③④
⑤

2段目

⑦
⑧⑨⑥④
⑤

3段目

⑦
⑧⑩⑪⑫

このように見事に**12個**おける．

　　　　　　　　*　　　　　　　　　　　*

さて，いよいよ7×7×7の立方体の場合にうつろう．先に正解をいうと，正解は**41個**だ．

多くの人が40個入る方法を見つけていた．今までと同じ方法で考えていくと，どうしても40個入れるのがやっとだ．どうしたら41個入れることができるのだろうか．

最初にいったとおり，今までの，2×7×7，4×5×7，3×5×7，はすべて，7×7×7の場合のヒントである．

では，どんな関係になっているのだろうか．みんな考えてみて．

わかったかな．まだわかんないかな？
$$12+17+12=41$$
これでどうだ．

わかったよね．実は，$2\times7\times7$，$3\times5\times7$，$4\times5\times7$ の 3 つの直方体をくっつけると，$7\times7\times7$ の立方体になるのだ．

なんだ，簡単なことじゃないかと思った人，でもレポートでこのことに気付いた人は片岡君ただ 1 人だったんだよ．

というわけで，$7\times7\times7$ の場合の正解は，41 個となるわけだ．

＊　　　　　　＊

ところで，今までと同じように考えてみると，
$$(7\times7\times7-7)\div(1\times2\times4)=42$$
となり，各段にちょうど 1 マスずつ空きがあれば，42 個入る可能性もある．

41 個が正解だと確信するには，42 個が入らないことを証明しないといけない．

ところが，この証明がとても難しい．大学受験生が読む「大学への数学」で紹介するのもたいへんなくらいなので，もちろんここで紹介することはできない．

平面の場合だと，割と簡単におき方が発見できるのだけど，立体になると一変して複雑になる．この立体の場合は，最先端の数学の世界だ．この問題で，その数学の最先端を諸君にも味わってもらえただろうか．

● パズル

問題 1
長さ1のマッチ棒12本で面積3の図形を作る

　長さ1cmのマッチ棒が12本ある．この12本のマッチ棒すべてを使って，面積$3cm^2$の図形を作ってください．

　図形の形はどんな形でもかまいませんが，1つの輪の形に見えるようにしてください．ただし，マッチ棒が重なったり，はなれたりしてはいけません．また，マッチ棒を折ることもできません．

　この問題には41通のレポートが届いた．さまざまな図形を考えてくれて，見ていて楽しかった．正解者は32名，準正解者を4名とした．問題の解説をする前に，正解，準正解の判断基準について話しておこう．まず，問題文にある様に，1つの輪の形（多角形）になっていないものは不正解とした．ただ，「1つの輪」について面白い解答があった．下の図のように，一辺2cmの正方形と，その内部に一辺1cmの正方形を作る．よく見ると，2つの正方形に囲まれた部分は確かに輪になっている．面積は$3cm^2$．正解として扱うのは無理だけど，この解答をした人は準正解とすることにした．あとは，きちんと12本のマッチ棒を使っているかどうかを見て，正解，不正解に分けた．

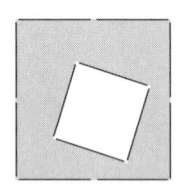

さて，いろいろな解答がよせられたのだけど，大きく分けて3種類のやり方に分かれた．その方法を1つ1つ紹介していこう．

（辻阪亮介君（育成小5年）のレポートより）

　底辺が3cm，高さが1cmの平行四辺形を作る．

長さ1のマッチ棒12本で面積3の図形を作る

（作り方）
① マッチ棒を3本並べる．

② 高さ1cmになる様にマッチ棒を垂直に立て，印をつけて，横線を引く．

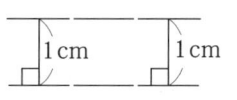

③ コンパスで3cmをはかり，②で引いた横線と交わる点を見つける．

④ 平行四辺形を作れば，面積3cm² になる．

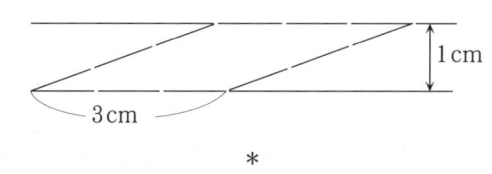

＊　　　　　　　　＊

この平行四辺形を作る解答は，もちろん底辺の長さを変えても作ることができる．
では，次に，面積3cm² の図形を作り，そこからマッチ棒の数を増やす方法だ．

根本俊吾君（旭が丘小6年）のレポートより

最初に面積3cm² の図形を作る．

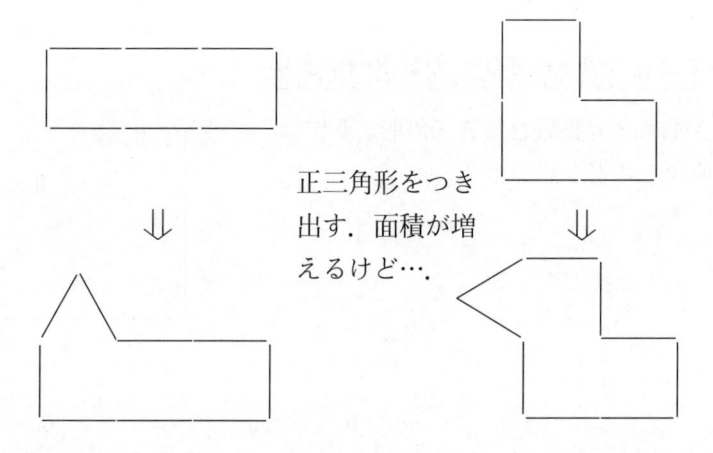

正三角形をつき出す．面積が増えるけど…

⇩　　　　⇩

増えた分，正三角
形をへこます．
これで面積は 3 cm²

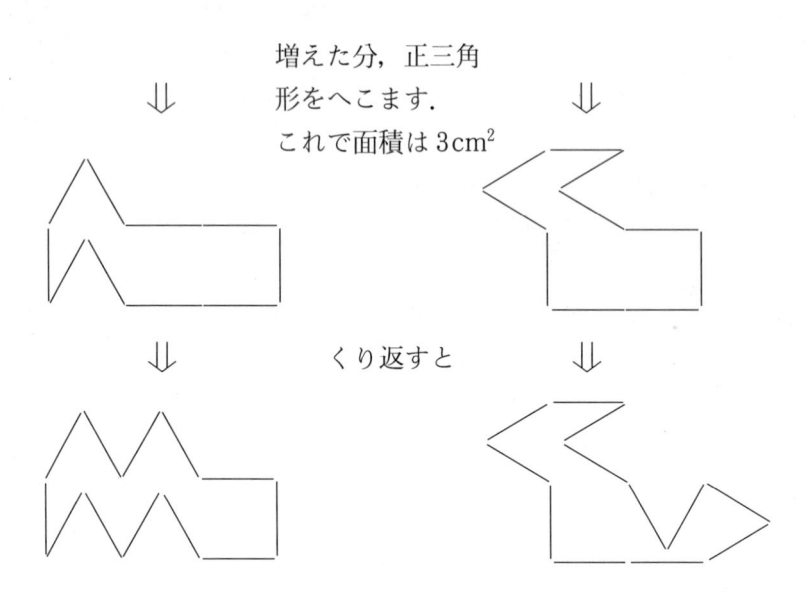

⇓   ⇓

⇓ くり返すと ⇓

どちらもマッチ棒 12 本で面積 3 cm² の図形になる．

*   *

正解の図形をぱっと見ると，この図形の面積を求めることは大変な気がする．算数が苦手な人は苦労するだろう．でもみんなはこの図形の面積が 3 cm² であることはすぐに分かるよね．

この正解の図形のように，部分部分の面積を求めるのは大変でも，全体の面積を求めることはできる，という問題もよく見かけるよね．

最後の方法だ．

長谷川祐太朗君（青木小 6 年）のレポートより

3 辺の長さがすべて整数となる三角形として，3：4：5 の直角三角形が思いつく．

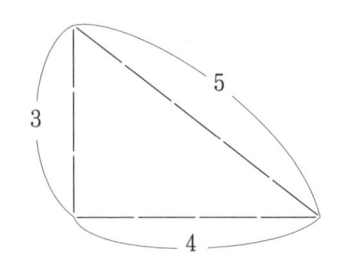

長さ1のマッチ棒12本で面積3の図形を作る

これに手を加えて，面積をうまく 3cm^2 になるようにする．
下の図のようにすれば，12本で面積 3cm^2 になる．

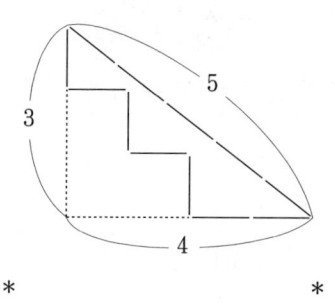

*   *

$3:4:5$ の直角三角形から出発すると，こんな解答になる．もちろん他にもやり方はたくさんあるよ．さがしてみてね．

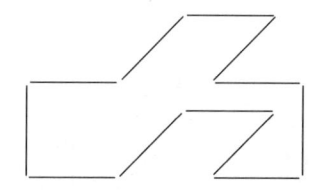

以上3通りの解答を見て分かるように，とても多くの作り方がある．いったい何通りくらいあるか，気になる人もいるだろう．とても面白い事に，何通りどころではなく，無数の作り方があるのだ．第2番目の方法で，上のような図形を作ってみると，その説明ができる．

正三角形を作るかわりにひし形を作ってみても，全体の面積は 3cm^2 だ．このひし形2つを，左右にまったく同じに動かしてみても面積は一定のまま．動かし方（ひし形の作り方）は無数にあるのだから，作り方も無数にあることになる．

よく算数は答えが1つに決まっているから…と言う人がいる．もちろん，正解と不正解にはっきりと分かれてしまうのが算数だ．これはいいことだ．でも答えが1つしかないかどうかはやってみないと分からない．問題によっては，たくさんの正解があることもよくあることだ．そんな問題を考えるのって楽しいよね．

● パズル

問題 2
7つの立体で立方体を作る

次の7つの立体を使って下の図のような立方体を作れるだろうか.

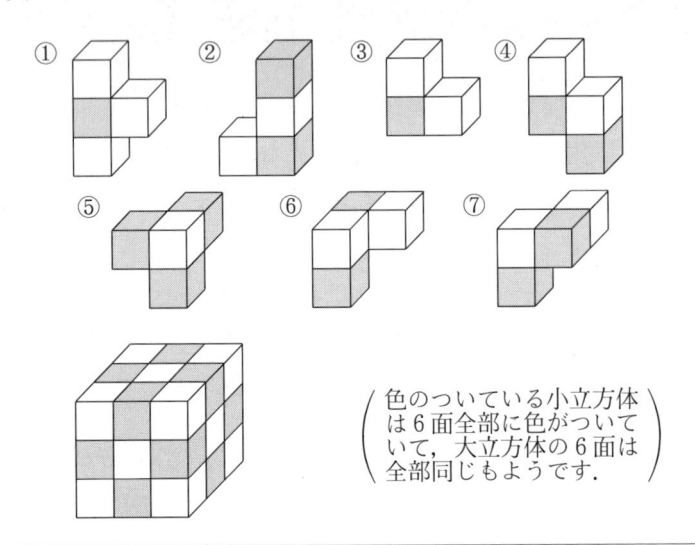

①　②　③　④

⑤　⑥　⑦

（色のついている小立方体は6面全部に色がついていて，大立方体の6面は全部同じもようです．）

　この問題には24通のレポートが届いた．そのうち正解者は19名で，それぞれちがった作り方をしていてバラエティに富んだ内容だった．
　このようなパズルの問題では頭の中であれこれ考えるよりも，まずは実物を作ってみるのがいい．手を動かして考えているうちに，いろいろなことがわかってくるものだ．でも，実際に手を動かして組み立てる前に，やっぱり各ブロックの特徴など，役に立つ情報を調べておく必要がある．

　まずは基本的なことだけど，7つのブロックを見てみると，白色の小立方体は合計14個，黒色の小立方体は13個ある．このことから作る大立方体のまん中にある小立方体は黒色だとわかる．
　次に大立方体のカドに目を向けてみる．カドは合計8ヶ所あって，全部白色の小立方体だ．ここで①〜⑦の7つのブロックをよく見てみると，①のブロッ

クだけが同時に2ヶ所のカドを覆うことができる．残る6つは1ヶ所のカドしか覆えない．そしてカドは8ヶ所あるのだから，①〜⑦のすべてのブロックはカドを含むように置かなければいけないことになる（1つでもカドを含まないように置くと，8ヶ所すべてを覆うことができなくなってしまう）．

この時点で①のブロックの置き方が決まってしまい，②〜⑦もカドを含むように置くことになる．さらに，大立方体のまん中の黒色の小立方体は，⑥か⑦でしか覆えないことになる（他のブロックはカドに白色がくるように置くと，まん中の小立方体を含まなくなる）．

ここまで分かればあとは簡単だけど，もう少し各ブロックの特徴をあげておこう．

④，⑥と⑦のブロックをそれぞれよく見てみる．

⑥のブロックをちょっとひねってみると，白黒の色だけを入れかえることができる．

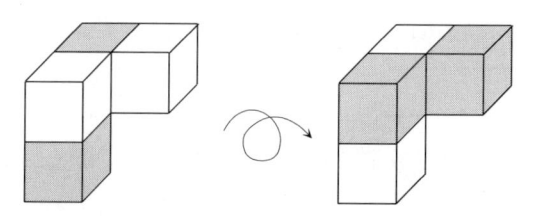

④，⑦のブロックも同じだ．つまりこの3つのブロックに関しては，色は気にせず型だけを考えればいいのだ（あとでひっくり返せば色を変えることができるから）．

いよいよ手を動かすときがきた．いろいろとやっていくと立方体が作れるはずだ．

作り方はたくさんあって紹介しきれないので，一部をのせておこう．

  1段目(下)   2段目(中)   3段目(上)

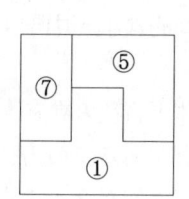

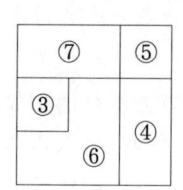

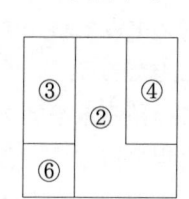

パズル

　　　　　　＊　　　　　　　＊

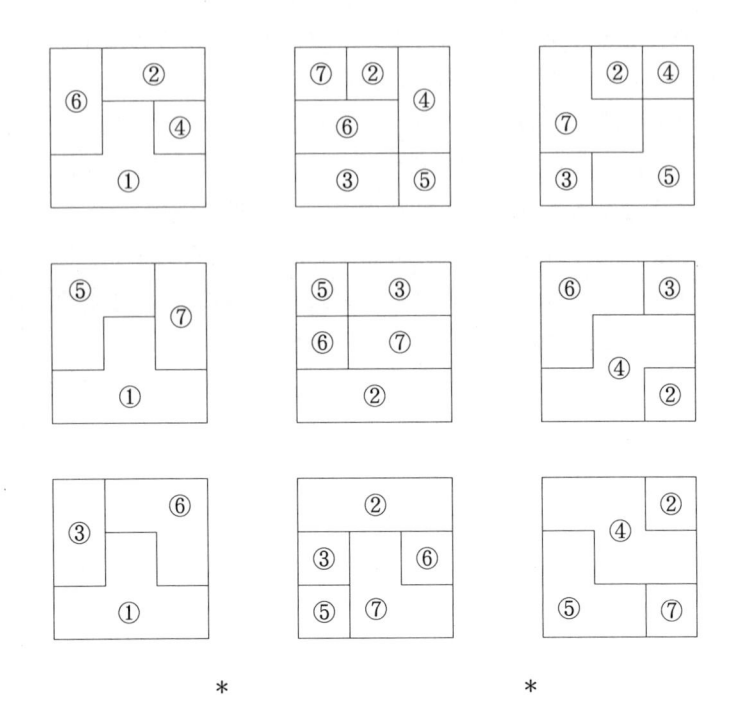

　このパズルはそれほど数学的ではなかったので，もっと数学的な「積み木」を紹介しよう．

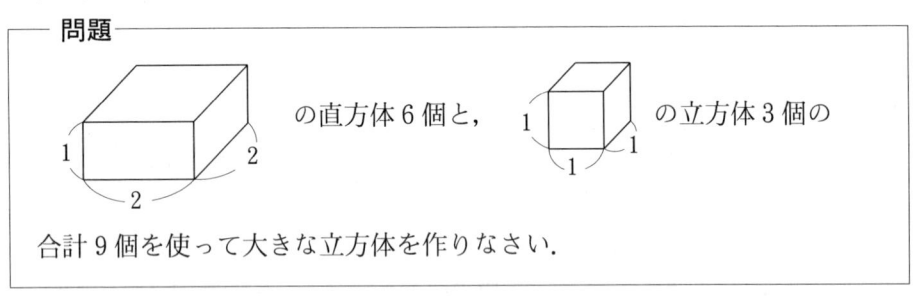

> **問題**
>
> 　　　の直方体6個と，　　　の立方体3個の合計9個を使って大きな立方体を作りなさい．

　まずは考えてみてね．すぐできると思うけど，平均的な小・中学生なら悪戦苦闘することだろう．

　僕は，この積み木をアクリルでできた透明な直方体と青色の立方体で作って，講演会の会場に持っていき，皆にやってもらったことがある．直方体が透明なので，できあがった立方体を見ると，対角線の位置に並んだ3つの青色の小立方体が遠くからでもよく見えるのだ．

180

7つの立体で立方体を作る

小立方体のこの位置は，次のように理論的に説明できる．

できあがった3×3×3の大立方体のある段を考える．これは，3×3＝9(個)の小立方体で構成されている．そのうち透明な直方体が構成に「貢献」している個数は，必ず，偶数0，2，4のどれかしかない．これらの個数をどう足しても奇数の9にはならない．

だから各段に1個の青色の小立方体がある（もし3個だったら，他の段には無いことになるからダメ）．そして，小立方体がどの位置にあるかを考えると，右図の5ヶ所にしかこれない．

1	2	3
4	5	6
7	8	9

2，4，6，8の位置に小立方体があると，直方体のみで他の8個をすべて覆うことができない．

このことは高さの方向だけでなく，たて，横の方向に大立方体を分割した場合も同じことがいえる．

すべてをまとめると，できあがる大立方体の8つのカドとまん中の合計9ヶ所だけにしか，小立方体は位置できないのだ．

そこで一番下の段から考えてみる．2段目のことも頭に入れて考えると，図のような配置になる．

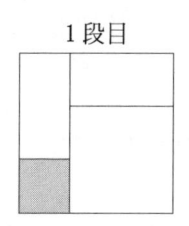

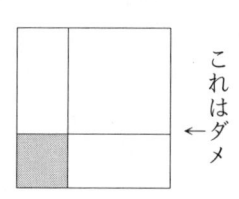

1段目　　　　　　　　　　　　　これはダメ←

2段目は，まん中に小立方体がくる．

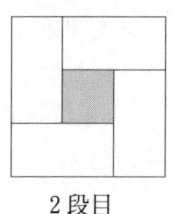

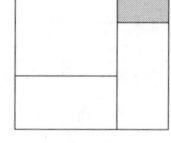

2段目　　　　　最上段

このように小立方体が見事に対角線の位置に並ぶ．大立方体を作る方法はこれしかないのだ．

● パズル

問題 3

8×8のマス目の中に王将を置く

8×8の盤上に王将（○のマスに動ける）がある．次の条件で8×8の盤上に最大いくつの王将が置けるだろうか．

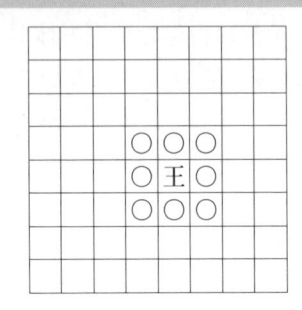

条件：どの王将も2つの王将に隣接していて（動けるマスに2つの王将がある），王将全体は，1つの環になっている．ただし，3つ以上の王将とは隣接していない．

この問題の応募者数は16名．そのうち正解者は10名だった．不正解だった人の中には，王将が3つ以上隣接したものや，1つの環ではなく，2つであったり，正しく条件を理解していない人が何人かいた．やはり問題をよく読み，正しく理解しないと，いくら考えて，いいアイデアが浮かんでもすべて水の泡になってしまうので，気をつけてね．

では，問題の解説にうつろう．いきなり，8×8の盤でやるのもいいけど，やはり問題をやみくもに考えるよりは，何か方針を決めてから取り組みたい．そこで，まずは小さな盤から順に考えていくことにしよう．

2×2では無理だから，3×3から始めてみよう（王将のあるマスを○で表す）．

3×3　　　4×4

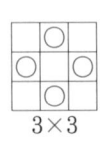

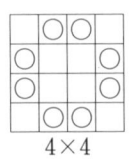

8×8のマス目の中に王将を置く

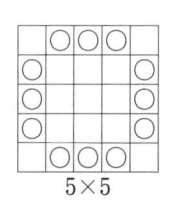

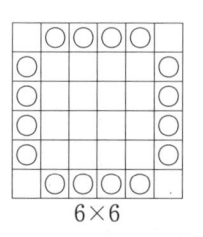

5×5　　　6×6

上のように，小さな盤の場合では，盤の外枠ぞいに王将を配置する方法が最も多くの王将を置けることがわかる．でも上の図を見ていて，少し疑問に思うことはないだろうか．そう，辺の長さが長くなればなる程，盤の真ん中にできる穴が大きくなっていく．ここをうまく使うことはできないだろうか．さっそく，7×7の盤で確かめてみよう．

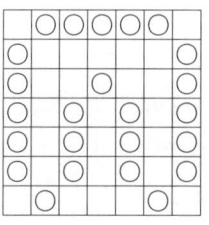

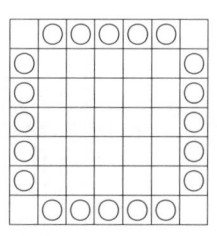

7×7

上の左の図は真ん中の部分をうまく使った場合で，右の図は外枠ぞいに配置した場合だ．右の場合は，王将20個しか置けないけど，左の場合だと，何と24個も置けるのだ．

さあ，これで閃いただろう．8×8の場合もこの方法でやってみよう．8×8の場合には，最も多くの王将が置けるやり方がいくつかある．それを発見してくれたレポートを紹介しよう．

吉田晶子さん（緑園東小5年）のレポートより

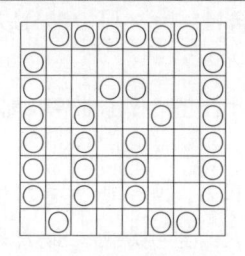

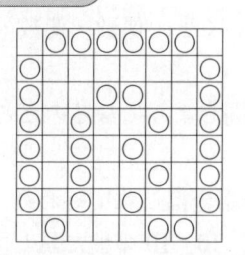

● パズル

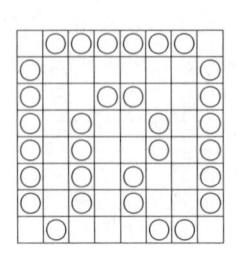

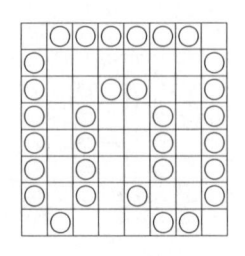

答え **31 個**

*　　　　　　　　　　　　*

　さて，31 個でできたけど 32 個はどうかな？　32 個で無理なことを示すのには，かなりの苦労が必要だ．そこで，33 個以上では不可能なことを証明してみる．

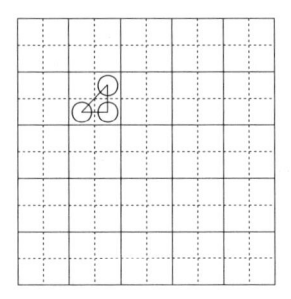

　まず，上のように 8×8 の盤を 2×2, 16 個に分割する．そして，分割された 2×2 の正方形に配置される王将の個数を考えてみる．図のように 3 つの王将を置くと，これだけで 1 つの環ができあがってしまい，他の部分と連結させることができなくなる．よって，3 個以上は置くことができず，2 個以下しか置けない．2×2 の 1 つの正方形に 2 個ずつ置いたとしても，2×16＝32（個）なので，8×8 の盤には最大でも 32 個しか置けない．

*　　　　　　　　　　　　*

　上のやり方でいくと，偶数×偶数の場合は，マス目の半分以下しか置けないことがわかる．
　奇数の場合も同じようになるのだろうけれど，僕も厳密に証明することができなかった．
　さて，8×8 の場合はこれで終わり．やはり，もっと大きな盤にも挑戦してみたい．そこで，10×10 の盤で試してみた．証明から，最大 50 個まで置ける

8×8のマス目の中に王将を置く

可能性がある．いろいろと考えた結果，47個の場合を発見したが，**横田知之**君も僕とはちがう配置で47個の場合を発見してくれた．その置き方を紹介しよう．

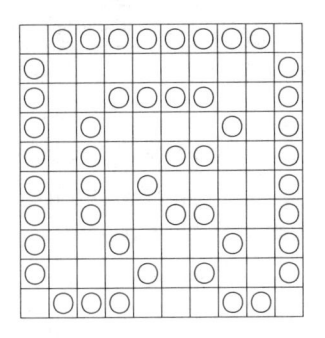

残念ながら48個以上は発見できなかった．おそらく不可能だとは思うのだけど，もし見つけたら教えてくれ．

11×11の場合も調べてみた．今度は最も多い場合を発見したのでこれも紹介しよう．60個の王将が置ける．これも横田君は発見していた．

上の図は，7×7の場合と似ている．真ん中の部分にできる山の数が1つから2つになっているだけだ．同様に，15×15，19×19，…の場合も上のやり方で最多の王将が置けるのだ．

諸君もいろいろな場合を試してみてくれ．そして，自慢の配置や，面白い型などを発見したら，僕にも教えてくれ．

問題 4

9×9のマス目の中に警備員を置く

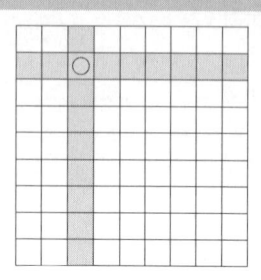

9×9の正方形がある．この81マスの中に警備員を配置する．

各警備員は左のようにたてと横のマスを見ることができる．

次の規則に従ってできるだけ多くの警備員を配置して下さい．

規則　各警備員は見える範囲の中に2人以上の警備員がいてはいけない

余裕のある人は，立方体で5×5×5の場合も考えてみて下さい．

この問題には39通のレポートが届いた．そのうち正解者は25名とまずまずの成績だったのだけど，5×5×5の立方体の場合になると正解者は2人だけだった．2人だけだったのは残念だけど，この2人は本当にすばらしいレポートだった．

では，9×9の正方形の場合からレポートを紹介することにしよう．

堤智愛さん（田園調布雙葉小5年）のレポートより

まずは2×2の場合から順番に調べることにする．

2×2の場合は2人．

3×3の場合には4人を配置できる．

さらに，4×4では5人，5×5では6人となる．配置方法は，次の図のように3×3の正方形を基本にして配置する．

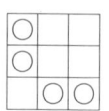

4×4　　　　　　　　　5×5

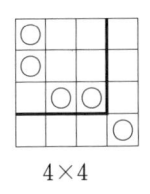

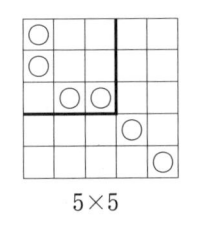

　この考え方で，9×9の正方形を3×3の正方形に分けて警備員を配置する．そのとき，3×3の正方形はお互いにたても横もかぶらないように選んでいく．

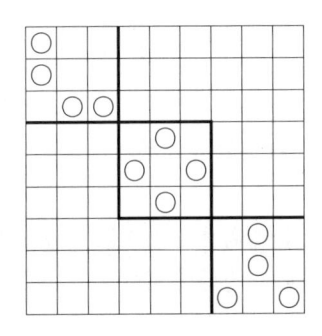

合計で警備員は12人配置できる．

　　　　　　　　　＊　　　　　　　＊

　この方法を使えば，一辺が3の倍数の正方形の場合はすべて解決できる．3の倍数でない時はどうなるのかは後で考えることにして，もう一つの解答も紹介しておこう．

広崎拓登君（上菅田小6年）のレポートより

　まず次の図のように2人を並べて配置してみる．この2人はお互いに相手が見えるから，これ以上警備員を見てはいけないことになる．

　つまり，図のたて1列と横2列，合計3列には警備員を配置できない．この

ことから，同じ列に2人を配置すると，3列がもう使えなくなる．9×9の正方形には，9×2＝18(列) あるので，18÷3＝6より，2人のペアの配置は6回しかできないことになる．よって，最大でも2×6＝12(人) しか配置できない．

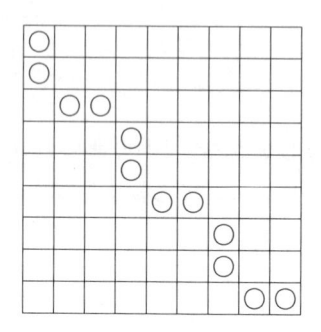

12人を配置できるので，これが最大人数となる．

　　　　　　　　　　＊　　　　　　　　　＊

このように2人を1ペアとして考えるとすんなりと正解にたどりつける．このペアを作る方法は5×5×5の立方体でもうまくいく．では，立方体の場合を紹介しよう．

片岡俊基君（山室山小4年）のレポートより

立体のときも同じように，ある列に2人を配置すると，たて，横，そして上下の列，合わせて5列にもう警備員を配置できなくなる．

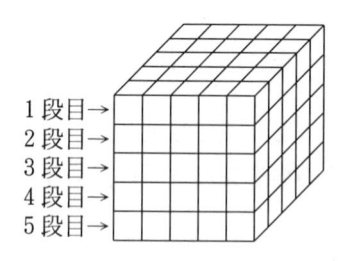

5×5×5の立方体には，たて，横，上下合わせて，5×5×3＝75(列) あるので，75÷5＝15より，15ペアまで配置できる．だから，15×2＝30(人) までしか配置できない．30人の配置方法は次の通り．

```
  1段目          2段目          3段目

       4段目          5段目
```

*　　　　　　　　*

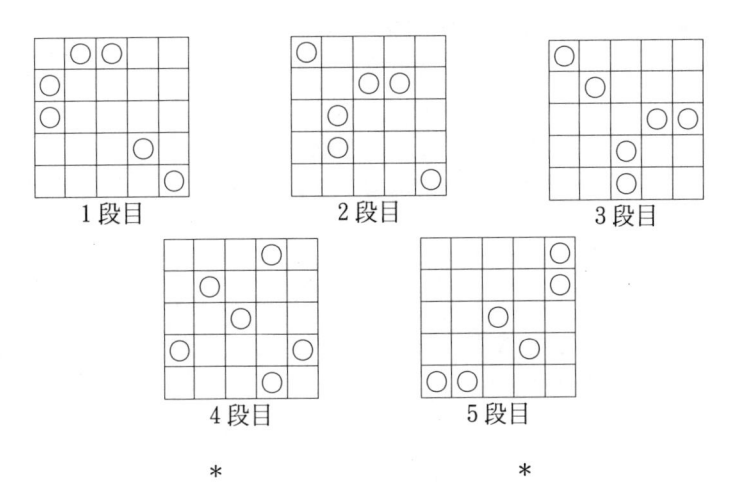

平面の場合とはちがい，立体の場合ではこの配置を見つけるのが大変だ．

ここで紹介したレポートの考え方は一般的な場合（一辺が n の場合）でも通用する．

平面では，$\frac{4}{3} \times n$ 人（小数点以下切り捨て）が最大人数になる．次のように証明できる．

1人の警備員は見える範囲のつきあたりの壁に自分の名前を書くことにする．見える範囲の列に他の警備員がいない時には4つの壁に名前を書き，もし他の警備員がいる時には，その方向の壁には名前を書かない．こうすることによって，警備員のいる列の壁はすべて誰かの名前が1つずつ書かれることになる．

$n \times n$ の正方形の4辺は，$4 \times n$ 個に分かれている．そして，1人の警備員は4ヶ所または3ヶ所の壁に名前を書く．つまり，1人につき，少なくとも3ヶ所の壁に名前を書くので，全員で，3×（警備員数）以上の壁に名前を書くことになる．

この数は，壁の数 $4 \times n$ 以下になるので，警備員の数は，$\frac{4}{3} \times n$ 人以下にしかできないのだ．

そして実際にペアを作って配置していけば，n が3の倍数かどうかにかかわらず，この $\frac{4}{3} \times n$ 人（小数点以下切り捨て）の配置が可能なのだ．

パズル

問題 5
最大の利益を上げる方法

　A君は1個売って100円の利益を得られる製品を持っている．しかしその中の1個は放射性の物質（以下，㊙と書く）で売ることができない．そこでA君は友人のB君に㊙の調査をしてもらうことにした．1回で何個でも調べてもらえるが，1回につき100円の調査料がかかる．調査に出した製品の中に㊙が混ざっていると，調査に出したすべての製品は放射能におかされてしまい売ることができなくなる．㊙でないとわかった製品だけ売ることができる．

　A君は100個の製品を持っている．最も運の悪い時に得られる利益を一番高くするにはどうすればいいだろうか．またその時の利益は？

　この問題は第2回目の『挑戦問題』として出題した．1回目では50通ものレポートが届いたけど，この問題は難しかったみたいで，わずか7通のレポートしか届かなかった．実はこの問題を出したときに，11個の場合（算数オリンピックで出題したときの個数）にはどうすればよいのかを解説した．その11個がいっぺんに100個に増えたのが難しさの原因だろう．いきなり100個の場合を考えたって途方にくれるのが目に見えている．そこでどうするのか．製品の数を思い切って減らして2個から順に考えていくと，何かひらめくかもしれない．数が多くてわからない時は，数を減らして考えやすくしてとりかかる．この方針でまずは考えてみる．

横田知之君（暁星小5）のレポートより

●を放射能におかされた製品とする（普通の製品は○）．
2個の場合．

1回目の調査	残り	利益
○	● →	（100−100＝0）どちらでも利益は **0 円**
●	○ →	

3 個の場合.

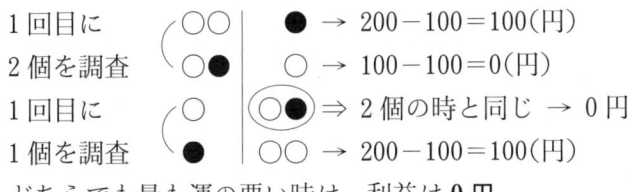

1回目に　　　⎛○○　｜　● → 200−100＝100(円)
2個を調査　　⎝○●　｜　○ → 100−100＝0(円)

1回目に　　　⎛○　｜　(○●) ⇒ 2個の時と同じ → 0 円
1個を調査　　⎝●　｜　○○ → 200−100＝100(円)

どちらでも最も運の悪い時は，利益は **0 円**.

4 個の場合.

1回目に 3 個を調査

○○●　｜　○ → 利益は 0 円
○○○　｜　● → 利益は 200 円

最も運が悪いと，利益は 0 円.

1回目に 2 個を調査

○○　｜　(○●) ⇒ 2個の時と同じ → 利益 100＋0＝100(円)
○●　｜　○○ → 利益 100 円

どちらでも **100 円**の利益が上げられる.

5 個の場合.

1回目に 4 個を調べると，運悪く●が入っていると利益は 0 円.

1回目に 3 個を調査

○○○　｜　○● → 利益 200 円
○○●　｜　○○ → 利益 100 円　　⇒ 最悪でも 100 円

1回目に 2 個を調査

○○　｜　(○○●) ⇒ 3個の時と同じ→100＋0＝100(円)
○●　｜　○○○ → 利益 200 円

最悪の場合，利益は 100 円

1回目に 1 個を調査

○　｜　(○○○●) ⇒ 4個の時と同じ → 利益 0＋100＝100(円)
●　｜　○○○○ → 利益 300 円

最悪の場合，利益は 100 円

以上より1回目に，1個，2個，3個のどれかで調査に出せば最悪100円の利益はあげられる．

以上と同じように6個，7個，……と調べていくと，利益は次のようになる．

個数	6	7	8	9	10	11	12	13	14	…
利益	200	300	300	400	500	600	600	700	800	…

個数を減らしてやってみたけど，どうもピンとこない．そこでグラフで表すことにしよう．

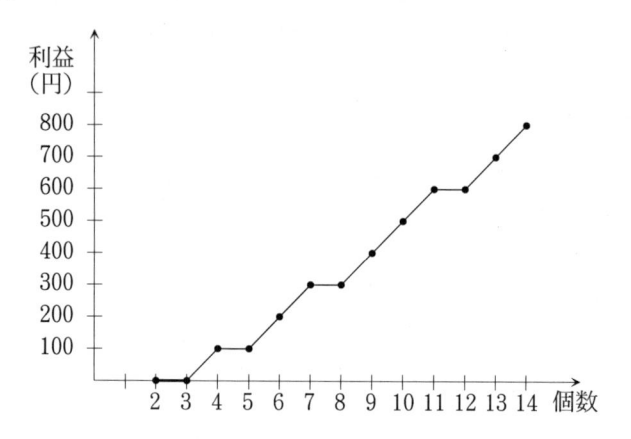

さあどうだろう．このグラフ，何か規則性がありそうだ．

利益の伸び方が1，2，3，4，……と順に上がっていくことが推測できる．すると15個の時は900円，23個では1500円とグラフから予想できる．この予想が正しいことを示してみよう．

その前に，とても重要なことが1つある．例えば，15個の時の利益が900円だと分かっているとする．すると1個増えた16個の時の利益は，増えたとしても100円しか増えないということだ．当たり前のことのようだがこのことがとても役に立つ．

では，15個の時の利益が900円になることを示そう．

まず14個の時の利益が800円だと分かっているから，15個の時の利益は，100円増えた900円が考えられる最高の利益となる．900円の利益を上げる方法が見つかればいいのだ．目標が決まればかなり楽になる．

15個で900円の利益を上げるには，1回目の調査に出す個数が5個以下であ

ることがわかる．6個以上調査に出すと，運が悪いと㊙が混ざっていて，残り9個売っても800円の利益しか上げられないからだ．

では1回目に5個調べに出すことにする．

㊙があれば，残りを売って900円の利益達成．

㊙がないと，その時点で400円の利益がある．残りは10個．

するとグラフを見ると10個では500円の利益が上げられることが分かる．

合計して900円．

後は16，17，18，…，100と同じように調べていけば100個の時の利益が分かる．答えは **8500円**．

8500円の利益を上げる方法は？　というと一例を見つけるのは簡単．さっきの15個の時と同じように，1回目に14個を調査に出すことにして，2回目以降は常に8500円の利益が見込めるように調査の個数を決めていくといい．

この方法でいくと，調査に出す個数は，

1回目14個，2回目13個，3回目12個，4回目11個，5回目10個，

6回目9個，7回目8個，8回目7個，9回目6個，10回目5個，

となる．

もちろんこれ以外にも方法はある．

100個までのグラフ，または表があれば一目瞭然(いちもくりょうぜん)．

1回目に13個にするとどうなるか．㊙があれば，残りを売って8600円の利益が上がる．これは最も運の悪いケースではない．㊙がないとすると，1200円の利益がある．残る87個については，表を見ると得られる最大の利益は7300円になっているはずだ．つまり合計で8500円の利益が上がることになる．後は，87個で7300円の利益が上がるように2回目に調査に出す個数を決める（例えば13個）．3回目以降も表を参考に，次々と調査に出す個数を決めていけばいいのだ．

見事に8500円の利益を上げられた人は5名．

● パズル

問題 6

品物の強度を調べる実験

　ある品物の強度を調べるため，右のようなはしごの上から品物を落とす実験をする．そして品物がこわれない最大の段をさがす．実験用の品物が1個だけの時には1段目から順に1段ずつ実験するしかない．なぜなら，たとえば最初に2段目から実験して品物がこわれた場合，1段目から品物を落としたらこわれるかどうか判断できないから．

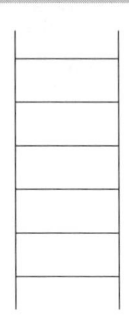

　実験用の品物が2個あるとき，どの段まで確実に調べることができるだろうか．

　ただし，実験は10回までしかできない．

　余裕のある人は，品物を，3個，4個にした場合も考えてみてください．

　この問題には，43通のレポートが届いた．たくさんのレポートが届いたけど不正解者も多く，正解者は22名だった．そして，品物が3個，4個の場合も見事に正解した人は7名だった．まずは1回目を何段目からスタートするかを考えるのだけど，ここをしっかりと調べないといけない．不正解だった人は，ここでつまずいていた．

　では，1回目は何段目から落とすのがいいのか，考えてみよう．仮に1回目の実験で品物がこわれてしまうとしよう．すると残る品物は1個だけになり，問題文のように9回の実験では，最大で9段目まで確実に調べることができる．

　以上のことから，1回目は10段目からスターするのが最良ということになる．

次に，1回目にこわれなかったとすると，2回目は何段目から落とせばいいのだろうか．3回目は，4回目は，…，10回目まで調べるのは大変そうだけど，どうなるのだろうか．

> 三谷明範君（常盤台小6年）のレポートより

1回目に10段目から落として品物がこわれなかったとする．もう10段目以下は調べることがないのでこの部分を取り除いて，11段目を1段目として2回目の実験をすることにする．2個の品物で残る実験回数は9回だから，1回目と同じように考えて次は9段目から落とすことになる．つまり2回目の実験は，$10+9=19$（段目）から品物を落とす．

3回目も同様に，$10+9+8=27$（段目）となる．

4回目以降も同様にして，10回目は，
$$10+9+8+7+6+5+4+3+2+1=55（段目）$$
を調べることになる．

以上より，**55段目**まで確実に品物がこわれない最大の段を見つけることができる．

＊　　　　　＊

もし実験回数が11回だとどうなるだろうか．もう簡単だよね．1回目は11段目から落とすことになる．これで1段目から11段目までは確実に調べることができる．1回目に品物がこわれない時は，残る品物は2個，実験回数は10回となり，さっきの結果が使えて，$11+55=66$（段目）となる．

難しい言葉を使うと，ぜん化式という考え方だけど，つまり小さい数での結果を積極的に使って大きな数での場合を求めるということだ．

小さな数で実験した結果が役に立つというわけだ．算数，数学では小さな数で実験してみることも大切なことなのだ．

では品物が3個，4個の場合はどうだろうか．

> 広崎拓登君（上菅田小6年）のレポートより

品物が2個の時を表にしておく．

		残りの実験回数									
		0	1	2	3	4	5	6	7	8	9	10
品物の数	2	0	1	3	6	10	15	21	28	36	45	55

品物が3個の時．1回目の実験は，2個の品物を使って9回の実験で調べられる段+1からすればよいので，表より45+1=46(段目)となる．こわれなかったときの2回目以降も同様に考えると，10回目は，

$(45+1)+(36+1)+(28+1)+(21+1)+(15+1)$
$+(10+1)+(6+1)+(3+1)+(1+1)+(0+1)=$ **175(段目)**

表にしておく．

		残りの実験回数									
		0	1	2	3	4	5	6	7	8	9	10
品物の数	3	0	1	3	7	14	25	41	63	92	129	175

品物が4個の時もまったく同じで，1回目は129+1=130(段目)から実験する．こわれなかったときの2回目以降も同様にして，10回目は，

$(129+1)+(92+1)+(63+1)+(41+1)+(25+1)$
$+(14+1)+(7+1)+(3+1)+(1+1)+(0+1)=$ **385(段目)**

* *

表の作り方は10回から9回という具合に逆方向に考えればすんなりと作ることができる．広崎君は品物が1個から4個までの表を完全に作ってくれたので，今までの結果をまとめてみる意味でも紹介することにしよう．

		残りの実験回数									
		0	1	2	3	4	5	6	7	8	9	10
品物の数	1	0	1	2	3	4	5	6	7	8	9	10
	2	0	1	3	6	10	15	21	28	36	45	55
	3	0	1	3	7	14	25	41	63	92	129	175
	4	0	1	3	7	15	30	56	98	162	255	385

問題の解説は以上だけど，もっと深く知りたいマニアのために，最後に一般的な場合を紹介しておこう．
　k 個の品物で，N 回の実験ができるとする．
　N 個のものから k 個を選ぶ選び方の数を $_NC_k$ と表すことにすると，
$$_NC_k = \frac{N \times (N-1) \times \cdots \times (N-k+2) \times (N-k+1)}{k \times (k-1) \times \cdots \times 2 \times 1}$$
となる．この $_NC_k$ を用いると，一般の場合は，
$$_NC_k + {_NC_{k-1}} + {_NC_{k-2}} + \cdots + {_NC_2} + {_NC_1}$$
となる．
　ちなみに実験回数を品物の個数 k と同じにして上の式を計算すると，
$$2^k - 1 \quad (= \underbrace{2 \times 2 \times \cdots \times 2}_{k 個} - 1)$$
となる．
　このときには，1回目に 2^{k-1} 段目から落とし，こわれたら 2^{k-2} 段下から2回目，こわれなかったら今度は 2^{k-2} 段上がって2回目を行えばいい．3回目以降も同じように，こわれたら下に，こわれなかったら上へと前回の $\frac{1}{2}$ ずつ移動すればよく，とても明快な戦略で調査できるのだ．

● パズル

問題 7
6枚のコインの重さを天びんを3回使って決める

　6枚のコインがある．重さは，8g，9g，9g，10g，10g，10g だが，どのコインがどの重さなのかはわからない．そこで天びんを使って，3枚ずつ2つに分けて計ったところ，つり合った．あと3回天びんを使って各コインの重さを決めるには，どのような計り方をすればいいだろうか．
　余裕のある人は，最初につり合わなかった場合も考えてみてください．

　この問題には，33通の応募があった．正解者は25名で，やり方もいろいろとあった．

　大体2通りの考え方に分かれていて，1つは，1回目の天びんの結果によって場合分けをして，つり合った場合は2回目はこうする，左が重い時はこう，右が重い時はこう，と調べていくやり方だ．パズル的なやり方だけど，どうしても場合分けが多くなって大変だ．
　2つ目のやり方は，1回目，2回目の天びんの結果に左右されずに，最初から3回の天びんにのせるコインののせ方を決めておいて，3回の結果から答えを出す方法だ．こちらは数学的なやり方といえるだろう．
　では，この2番目の方法を紹介することにしよう．
　まずこの問題の出発点は，最初のつり合った状態では，6枚のコインがどのように2つに分けられているかを見つけることだ．6枚のコインの重さの和は，8＋9＋9＋10＋10＋10＝56(g) なので，左右の皿の重さは半分ずつの28gとなる．
　このことから，8g，10g，10g と，9g，9g，10g の2つに分かれていることがわかる．この2組を，(8, 10, 10) と (9, 9, 10) と書くことにして，最初のつり合った状態から各コインに下のように番号をつけておく．

6枚のコインの重さを天びんを3回使って決める

```
    ┌── ① ② ③ ──┐      ┌── ④ ⑤ ⑥ ──┐
    └─────────────┴──────┴─────────────┘
                      ▲
```

　ここで注意しないといけないのは，まだ左右にどの組がのっているのかは分かっていないことだ．左に（8, 10, 10）の組がのっていると決めつけていたレポートもあったけど，さすがにまだそうと決まってはいないよね．

　さて，ここであと3回の天びんの使い方を決めることにしよう．いろいろなやり方があるのだけど，下のように計ることにする．

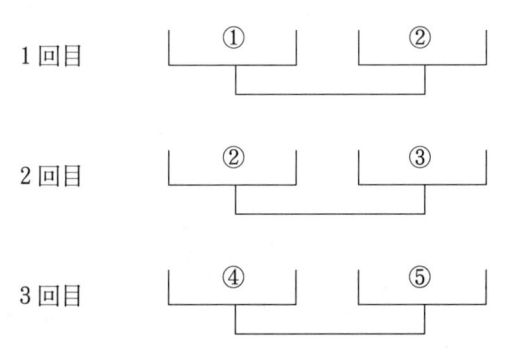

1回目　　┌── ① ──┐　　┌── ② ──┐
　　　　　└────────┴────┴────────┘

2回目　　┌── ② ──┐　　┌── ③ ──┐
　　　　　└────────┴────┴────────┘

3回目　　┌── ④ ──┐　　┌── ⑤ ──┐
　　　　　└────────┴────┴────────┘

　天びんの結果は，つり合う，左が重い，右が重いの3通りがあるけど，つり合うことを '='，左が重いことを '+'，右が重いことを '−' と表すことにする．

　さらに，3回目の④と⑤を計ったときには④が重いか，⑤が重いかはまったくの対称性があるので，3回目がつり合わないときは，④の方が重い，としてしまってかまわない．

　以上のことをふまえて1回目，2回目の結果を表にしてみる．

	1回目	2回目
1	+	+
2	+	=
3	+	−
4	=	+
5	=	=
6	=	−
7	−	+
8	−	=
9	−	−

一応，表の9通りが考えられるけど，①，②，③は，(8, 10, 10) か (9, 9, 10) のどちらかなので，表の，1, 5, 9 の 3 つはあり得ない．

残る 6 つの場合は O.K. だ．例えば，2 の場合だと，①は②より重く，②と③は同じ重さ，なので，

　　① 10g，② 9g，③ 9g

と決まる．他の 5 つも同じ様に①～③が決まる．

そして，3 回目の天びんの結果は，＋と＝の 2 通りがあるので，上の 6 通りとの組み合わせで，合計 12 通りの答えが出る．3 回の天びんの結果と①～⑥の重さは次の通り．

			①	②	③	④	⑤	⑥
＋	＝	＋	10	9	9	10	8	10
＋	＝	＝	10	9	9	10	10	8
＋	－	＋	10	8	10	10	9	9
＋	－	＝	10	8	10	9	9	10
＝	＋	＋	10	10	8	10	9	9
＝	＋	＝	10	10	8	9	9	10
＝	－	＋	9	9	10	10	8	10
＝	－	＝	9	9	10	10	10	8
－	＋	＋	9	10	9	10	8	10
－	＋	＝	9	10	9	10	10	8
－	＝	＋	8	10	10	10	9	9
－	＝	＝	8	10	10	9	9	10

上の表では，④が 8g の場合がないけど，それは，3 回目の天びんの結果の '－' を省略したためだ．

'－' も考えると，全部で 18 通りの結果が出てくる．18 通りで見てみると，①～⑥のコインの重さの組み合わせのすべての場合が出てきていることが分かる．これを逆に考えてみると，このような天びんの問題の数学的な考え方につながる．

つまり，あらかじめ考えられる場合をすべて書き出しておいてから，おのおのの場合の天びんの結果を出す．その結果がすべて異なっていれば O.K. で，もし同じ結果になる場合が出てきたら，その計り方ではうまく決まらない場合が出てきてしまう．

この考え方で，最初につり合わなかった場合を調べてみると，3 回ではどう

6枚のコインの重さを天びんを3回使って決める

やってもうまくいかない．天びんを4回使うと簡単にできるので，その1例を紹介しておこう．

まず，つり合う時の両皿のコインの重さは28gなので，つり合わないときの重い方の皿のコイン3枚の重さは29g以上になる．29g以上になる組み合わせは2通りあり，両皿のコインは，

(8, 9, 10) と (9, 10, 10)
(8, 9, 9) と (10, 10, 10)

が考えられる．そして今度は，重い皿の方のコインを①，②，③として前回と同じ計り方で，1回目，2回目を調べる．9通りの結果のうち，4通りの可能性があり，①～③は次のように決まる．

	①	②	③	もう一方の皿
＋ －	10	9	10	(8, 9, 10)
＝ ＋	10	10	9	(8, 9, 10)
＝ ＝	10	10	10	(8, 9, 9)
－ ＝	9	10	10	(8, 9, 10)

上の4つのうち，軽い方が(8, 9, 9)と決まる場合は，このうちの2つを天びんにのせれば3回目ですべてのコインの重さが決まる．

(8, 9, 10)の場合はあと1回では無理だ．3回目に，すでに判明している9gのコインを使えば，4回目で残るコインの重さが決まるので，みんな調べてみてくれ．

● パズル

問題 8

天びんを3回使って決まった量の塩を取り出す

　天びんと2gの重りが1個，そしてagの塩がある（aはある決まった数で，整数）．この塩を1g，2g，3g，…と1g単位でagまでのどの重さでも，それぞれ天びんを3回使えば取り出せるようにしたい．aはどこまで大きくできるだろうか．

　ちなみに，1回での天びんの使い方は次の3通りがある．

　　① 一方に2gの重りをのせて，2gの塩を取り出すこと
　　② 一方に2gの重りと塩，もう一方に塩だけをのせて，差が2gの塩2つを取り出すこと
　　③ 重りを使わずに，ある量の塩を2等分すること

　この問題の応募者は17名．僕が期待していた最も大きなaの値を発見できた人はたったの1人だった．

　この問題は，僕の1番の自信作だ．算数オリンピックに出題するつもりで作ったのだけど，いろいろと作業をしなければならなく，試験時間の関係上，算数オリンピックではなく，中学への算数で出題することにしたんだ．時間がたっぷりあれば，いろいろな値に挑戦できるだろうと思ったのだ．

　問題を作ったあと，僕もいろいろな値で実験してみた．10，14，18，…とできたので，一気に30ではどうかと試していくと，なんと正解である62という値が出てきた．応募してくれた諸君はもちろん，みんなもびっくりするような値だろう．僕もこんな大きな値で可能なことに驚いた．

　この問題のレポートでは，ある値でできたので終わり，というものがほとんどだった．やはり，1つのことを達成したら，さらに上はないのかと，常に挑戦してみることが，算数，数学においてもとても大切なことなのだ．

では，問題を考えていくことにしよう．
まずは，小さな値でいろいろと調べていくと，ある事に気がつくだろう．

a が奇数の時には，②，③の方法で取り出す塩の重さが整数ではなくなる．整数でない重さの塩を取り出しても無意味だから，a の値は偶数の場合だけを考えていけばよさそうだ．

さらに a の値が偶数でも，8，12，16といった4の倍数の場合は，②の方法を使うと，取り出せる2つの塩の山の重さはともに奇数になってしまう．すると次に天びんを使う場合に，奇数の場合と同様に②，③が使えなくなってしまう．その分，計り方が少なくなってしまい，取り出せる塩の重さの種類もかぎられてしまう．

いまは，最大の a を求めたいのだから，a の値は4の倍数ではない偶数，10，14，…と考えていくことにしよう．

さて，いきなり天びんを3回使う場合を考えるのはやっかいなので，まずは練習のつもりで，天びんの使用回数を2回にして考えてみることにしよう．2回だと a の値もそんなに大きくならないだろう．

6，10，14，18，22，…と調べてみてくれ．どこまでできるだろうか．

正解は18だ．その方法を調べることにしよう．

1g〜18g まで，すべての値について塩の山を取り出せるかどうかを調べる必要はない．1g〜9g までの取り出し方で十分だ．

理由は簡単．例えば3gの塩の取り出し方が分かったとすると，18gから3g取り出したのだから，残った塩は15g．という具合に，15gの塩を取り出すことは3gの塩を取り出すことと同じなので，18gの半分の9gまでの取り出し方を調べればいいのだ．

各gについての取り出し方は以下のとおり．

- 1g…①で2gを取り出し，2回目にその2gを③で2等分して1g
- 2g…①
- 3g，5g，8g…②で18gを8gと10gに分ける．2回目は8gを②で，3gと5gに分ける
- 4g…①を2回使って，2つ合わせて4g
- 6g…①で2gを取り出し，②で一方の皿に，この2gの塩と重りをのせて4gを取り出す．両方の皿の塩を合わせて6g
- 7g，9g…③で9gを取り出す．2回目は②で，塩だけの皿にこの9gの塩をのせると，他方の皿は7g

● パズル

もちろん，上のやり方以外にも各gの取り出し方はある．図にして，天びんの使い方と取り出せる重さを表すと，（1g〜9gまで）

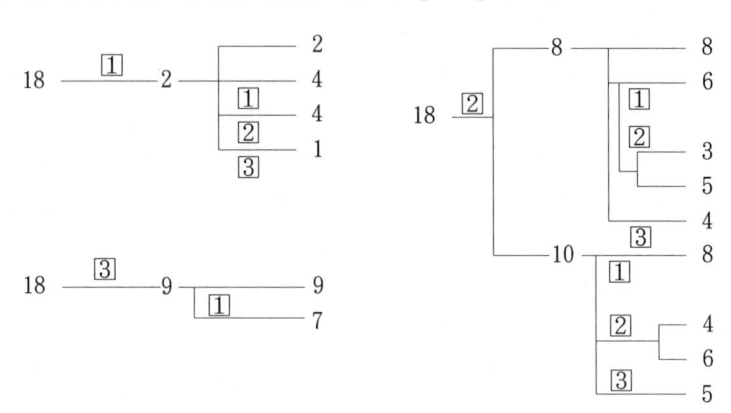

```
                    ┌─ 2
        ①          │  ┌─ 4
18 ──── 2 ──────────┤① │
                    │  ├─ 4
                    │② │
                    │  ├─ 1
                    │③ │
```

```
                              ┌─ 8
              8 ───────────── │  ┌─ 6
              │               │① │
              │               │  ├─ 3
    ②        │               │② │
18 ──── ─────┤               │  ├─ 5
              │               │③ │
              │               │  └─ 4
              │               │③ │
              │                  └─ 8
             10 ── ①
                   │           ┌─ 4
                   │② ────────│② │
                              │  ├─ 6
                              │③ │
                                 └─ 5
```

```
        ③
18 ──── 9 ──── 9
              ① ┌─ 9
                 └─ 7
```

さて，22gの場合はどうだろうか．

1g〜11gまでの取り出し方を調べてみると，どうしても3gを取り出すことができないのだ．というわけで，22gでは無理ということになる．

では，いよいよ天びんを3回使った場合にいこう．やり方は2回の時と同じだ．aが最大の**62g**の場合をやってみよう．やはり，1gから31gまでを調べていくと，次のページの図のようになる．

まず，図の中で特殊な取り出し方について説明しておこう．

25g…③で31gずつに分ける．①で29gと2gに分ける．②で片方の皿に2gの塩とおもりをのせ，4gを取り出すと残りは25g

24gについても同様．

次に，図に出てこないのは，1g〜5g，10g，11g，20g〜23gである．このうち，1g〜4gは①および③の繰り返しで取り出せ，21g〜23gも図の14gと7，8，9gをそれぞれ組み合わせると取り出すことができる．残る5，10，11，20gの取り出し方は，次の通り．

5g…①で2gを取り出す．2gの塩とおもりを使い，②で4gを取り出す．2gの塩を③で1gずつにして，4gと合わせる．

10g…①で2g取り，あとは5gと同じように4gの塩を2回取り，3つを合わせると10g

11g…②で30gと32gに分ける．32gを②で17gと15gに分ける．3回目は，

天びんを3回使って決まった量の塩を取り出す

30gと17gを使い，天びんの一方に17gの塩とおもりをのせ，もう一方に30gの塩から19gの塩を取り出すようにする．すると，残る塩は11gとなる

20g…②で30gと32gに分ける．30gを②で14gと16gに分ける．14gと32gの塩を用いて，一方の皿に14gの塩，もう一方にはおもりと，32gの塩から12gの塩を取り出せば，残りは20gの塩になる．

よって，$a=62$ の時，可能である．

ちなみに，66gの時は11gと22g，70gの時は11gと23gが作れない．

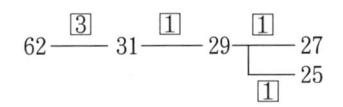

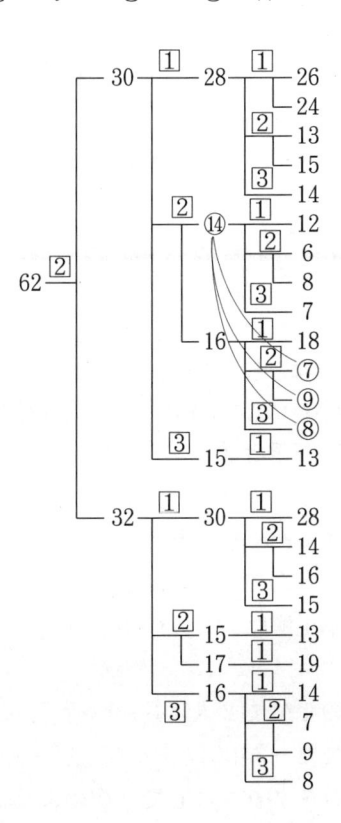

```
62 —③— 31 —①— 29 —①— 27
                      └— 25
                    ①
```

```
                              ┌— 30 —①— 28 —①— 26
                              │                 ├— 24
                              │              ②— 13
                              │                 ├— 15
                              │              ③— 14
                              │                 ①— 12
                              │              ⑭   ├— 6
                              │                 ③— 8
                              │                   — 7
                              │    ┌—16 —①— 18
                              │    │         ②— ⑦
                     62 —②—  │    │            — ⑨
                              │    │         ③— ⑧
                              │    ③— 15 —①— 13
                              │
                              └— 32 —①— 30 —①— 28
                                             ②— 14
                                                — 16
                                             ③— 15
                                     ②— 15 —①— 13
                                        — 17 —①— 19
                                     ③— 16 —①— 14
                                             ②— 7
                                                — 9
                                             ③— 8
```

205

パズル

問題 9
井戸の水をくみ出す最短の時間

　ぴー君とたー君の2人は，20l の容器を水で一杯(いっぱい)にしようと考えました．水は歩いて片道1分の井戸から運びます．井戸の水は1分間に1lずつくむことができます．
　ぴー君は2l，たー君は1l の容器をもっています．
　さて，ぴー君とたー君は最低何分で20l の容器を一杯にできるでしょうか．
　ただし，容器から容器への水のうつしかえには時間はかからないものとします．

　この問題には31通のレポートが届いた．この問題は，算数オリンピックの出題候補として集められた問題の1つだった．難しい問題だったので，ちょっとだけ簡単にしてこのコーナーで出題してみたんだ．それでもやはり難しかったようで，正解者は15名だけだった．

　ではさっそく解説していこう．
　素直に考えてみると，次のような解答になる．28分という答えになるんだけど，不正解だった人の多くはこの方法だった．
＊　　　　　　　　　　＊
　最初の1分で2人は井戸へ行く．ぴー君の方が先に2分間で2l をくむ．次の1分でたー君は1l をくみ，ぴー君は20l の容器のあるスタート地点にもどる．これをグラフにして，次のように書いてみよう．

井戸の水をくみ出す最短の時間

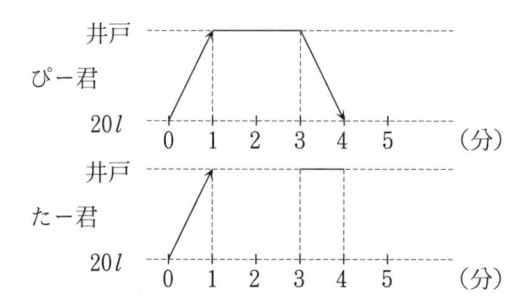

```
          井戸 ┄┄┄┄┄┄╱╲┄┄┄┄┄┄┄┄┄┄┄┄┄
   ぴー君      ╱   ╲
         20l ╱     ╲
             0  1  2  3  4  5  （分）

          井戸 ┄┄┄┄┄┄╱╲━━━━╲┄┄┄┄┄┄
   たー君      ╱         ╲
         20l ╱            ╲
             0  1  2  3  4  5  （分）
```

あとは自然に時間をすすめてみる．

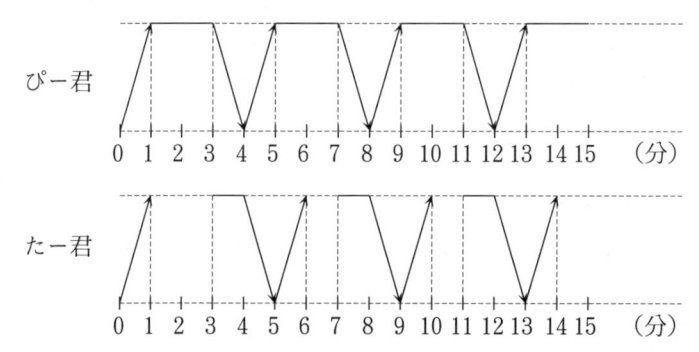

```
   ぴー君
          0 1 2 3 4 5 6 7 8 9 10 11 12 13 14 15 （分）

   たー君
          0 1 2 3 4 5 6 7 8 9 10 11 12 13 14 15 （分）
```

14分の時点は，2分の時の状態とまったく同じだ．この12分間で，20l の容器に 9l の水を入れたので，14+12=26（分後）には，2倍の 18l の水を入れられる．その2分後には 2l をくんだぴー君がスタート地点にもどってくるので，26+2=28（分後）に，20l の容器を一杯にできる．

        *   *

問題文をよく読んでみると，もっといい方法があることに気付くかな．

ぴー君とたー君の間で水の移しかえをしてみたらどうなるのだろうか．

時間のロスを少なくするには，なるべく井戸から水をくみ続けるのがいい．

20l をくむのに 20 分は絶対にかかるのだから，できるだけ 2 人のうち 1 人が井戸にいて水をくんでいる方が有利なのだ．さらに，2l の容器に水をくんでスタート地点にもどると，井戸へ帰ってくるまでに 2 分間かかることになる．この 2 分の間にくめる水は，1l の容器分しかないので，1 分間を井戸の水をくめずにロスしてしまうことになる．ロスを少なくするためには，2l の容器は，できるだけ井戸からはなれずにいた方がいいのだ．

では，正解を紹介することにしよう．

パズル

根本俊吾君（旭が丘小6年）のレポートより

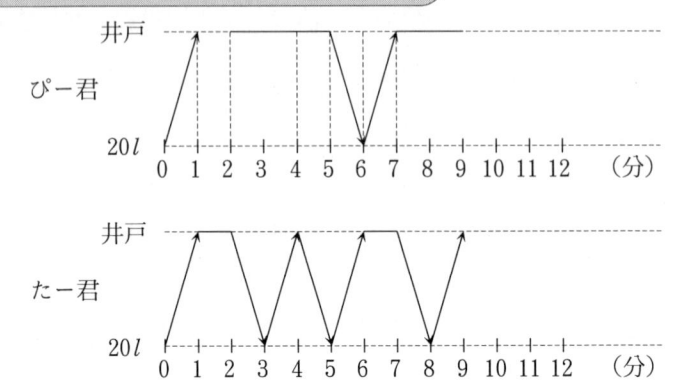

ぴー君のグラフ（井戸と20ℓの間、0〜12分）

たー君のグラフ（井戸と20ℓの間、0〜12分）

4分の時点で，ぴー君の容器には 2ℓ の水が入っている．そのうち 1ℓ をたー君の容器へ移しかえる．すると上のグラフのようになる．

1分〜6分の間のグラフのくり返しとなり，この5分間で 20ℓ の容器へ 4ℓ の水を運べるので，$1+5\times 5=$ **26（分後）** に 20ℓ の容器を一杯にできる．

* *

さて，26分が正解なのだけど，はたしてもっと短くすることができないのかを考えてみよう．

驚くことに，レポートの中に26分よりも短い解答があったので，2つほど紹介しておこう．2つとも奇想天外なアイデアなのだ．

（その1）

ぴー君とたー君の2人で協力して，20ℓ の容器を「よいしょ，よいしょ」と井戸までがんばって運ぶ．一杯になったらまた，がんばってもどってくる．合計，22分．

（その2）

どこからかホースをもってきて，井戸まで運んでいく．井戸にホースの端を入れたら，もう一方の端を 1ℓ の容器へ入れて，スタート地点へもどってくる．帰り道の1分間の水も 1ℓ の容器へ入っているので，20ℓ の容器へホースの端といっしょに移し，19分間のんびりと待っていれば合計21分間で，20ℓ の容器を一杯にできる．

* *

とても愉快な解答だ．もちろん算数の問題なので，この解答を正解と認める

わけにはいかないけど，アイデア賞をおくろう．他にも，この本の中で僕を笑わせてくれる奇抜なアイデアがうかんだら，知らせてね．

* *

本題にもどろう．26分よりも短くならないことを確かめる方法を，ちょっとだけ紹介しておこう．

詳しく厳密な証明はかなり難しくなってしまうので，紹介はしないし，小学生に発見してほしいとも期待もしていなかった．それほど難しい．

基本的には，どの5分間でも井戸からくめる水は $4l$ より多くならない，ということを証明すればいい．そうすれば，井戸から $20l$ の水をくむのに，$5×5=25$(分) は絶対にかかることになり，最後にくんだ水をスタート地点に運ぶのに1分かかるから，合計26分は必ずかかることになる．

* *

最後に，$2l$ と $1l$ の容器2つではなく，$1l$ の容器を3つにしてみたらどうなるだろうか．

$2l$ を $1l$ 2つに分けてみただけで，何と22分で $20l$ の容器を一杯にできるのだ．もちろん，さっきのアイデア賞ではなくてだ．

やり方を紹介しておく．

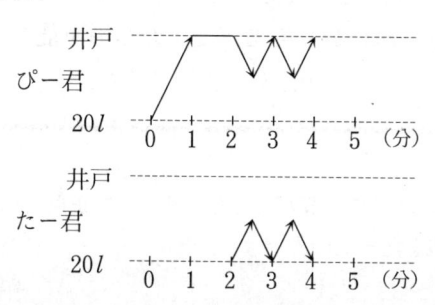

ぴー君だけ2つの容器をもって井戸へ行く．$1l$ が一杯になったらそれをもってもどる．同時に，たー君は残り1つの容器をもって井戸へ向かう．

30秒後に2人が出会ったら容器を交換して，2人ともに引き返す．2人ともに井戸にはいないけど，この1分の間に井戸に容器をおいておけば，自動的に水が一杯になっていて，ロスすることはないのだ．これをくり返せば22分で $20l$ の容器を一杯にできる．

● パズル

問題 10
サッカーの3チームのキャプテンの主張

　A君, B君, C君の3人はそれぞれサッカーチームのキャプテンです. このA, B, Cの3チームが同じ数だけ試合をした.
　（例：A-B 10試合, A-C 10試合, B-C 10試合）
　そして, A君, B君, C君の3人は次のようなことを言っている.
　A君：僕のチームが優勝だ（勝ち点がどのチームよりも多い）.
　B君：僕のチームが勝った試合数がどのチームよりも多い.
　C君：僕のチームが負けた試合数がどのチームよりも少ない.
　（ただし, 勝ち点は, 勝つと+2点, 負けると+0点,
　引き分け+1点）
　A君, B君, C君の3人はそれぞれ自分のチームが一番優秀だと主張しているが, 3人とも本当のことを言っていることはありうるのだろうか. 可能だとすると, どのような状態なのか, その1例（なるべく少ない試合数）をあげて, もし不可能でウソをついている人がいるのなら, その根拠を書いてくれ.

　この問題には14通の応募があった. そのうち正解者は10名, ちょっと応募者数が少なくて残念だった.

　このような問題は, 諸君の普段解いている中学入試の問題ではあまり目にしない問題で, 今まで通りの考え方ではなかなか歯が立たない. しかしこの問題はそんなに難しい問題ではなかったはずで, しっかりと考えれば解ける問題だ. こういう問題は考える力をつけるには絶好の問題で, いくら時間がかかっても考えたことは, 必ず自分の為になるのだ.
　この問題を出した理由はもう1つある, まずこの問題の答えは**可能**で, A, B, Cの3チームはそれぞれキャプテンの主張通りの状態にできるのだ.

人間どうしや国家など，どうしても人間は順序をつけて考えてしまう．この人はあの人より頭がいいだとか，この国はあの国よりいい国だとか思ってしまうけれど，それはお互いを1つの基準でしか見ていないからだ．視点を変えれば，この問題のように当然順番は変わる．いい所もあれば悪い所もある，といったように1つの基準ではなく，いろいろな視点で世の中を見てほしい．そう思ってこの問題を考えたんだ．

では，まずレポートを紹介しよう．

住谷智恵子さん（若葉台北小3年）のレポートより

まず，全試合引き分けの場合で考えはじめる．

① Aの勝ち点を多くしてBの勝ち試合数も多くしたいので，A対Bは，AとBの半分ずつの勝ちとする．この時，試合数が奇数の時はAを1つ多く勝ちとする．

② A, B, Cの勝ち点を計算する．これで条件に合うようにB対Cと，C対Aの勝ち負けを調節する．

Aの勝ち数の合計とBの勝ち数の合計はいつもBを1つだけ多くしておいて，そのかわり引き分け数をBよりもAの方が3だけ多くしておく．すると，Cの負け数も少なくできて，うまくいく．

7試合ずつ対戦した場合は，下の表のようになる．

Ⓐ―B	Ⓐ―B	Ⓐ―B	Ⓐ―B	A―Ⓑ	A―Ⓑ	A―Ⓑ
Ⓑ―C	Ⓑ―C	B―Ⓒ	B―C	B―C	B―C	B―C
C―A	C―A	C―A	C―A	C―A	C―A	C―A

（○が勝ち，その他は引き分け）

A 4勝3敗7引き分け勝ち点15
B 5勝5敗4引き分け勝ち点14
C 1勝2敗11引き分け勝ち点13

さらに，N試合ずつ対戦した場合（Nは7以上の奇数）の例は次のようになる（偶数の場合の例もある）．

パズル

	勝	負	引き分け	勝ち点
A	$\frac{N+1}{2}$	$\frac{N-1}{2}$	N	$2\times N+1$
B	$\frac{N+3}{2}$	$\frac{N+3}{2}$	$N-3$	$2\times N$
C	1	2	$2\times N-3$	$2\times N-1$

*　　　　　　　　*

問題ではなるべく少ない試合数も考えよ，としてあるけど，答えはこの各7試合なのだ．では上の表で，Cの負け試合数を2よりも少なくできないことを示してみよう．

まず，各チームは N 回試合をするとして，下のような表を作る．

	勝ち試合数	負け試合数	勝ち点
A	a_+	a_-	$N+a_+-a_-$
B	b_+	b_-	$N+b_+-b_-$
C	c_+	c_-	$N+c_+-c_-$

条件を整理すると，まず，A君が言っていることから，

$N+a_+-a_-$ は $N+b_+-b_-$，$N+c_+-c_-$ のどちらよりも大きい ………⑦

次にB君の発言から，b_+ は a_+，c_+ よりも大きい …………………④

最後にC君の発言より，c_- は a_-，b_- よりも小さい ………………⑨

さらに，全3チームの勝ち星の合計と負け星の合計は等しいから，

　　$a_++b_++c_+=a_-+b_-+c_-$ ………………………………………㊗

もわかる．すると，この㊗と⑦から，

　　a_+-a_- は1以上であることがわかる．……………………………☆

なぜなら，a_+-a_- が1よりも小さい，つまり，a_+ が a_- 以下だと，⑦から，㊗の式が成り立たなくなるからだ．

以上のことを頭に入れて，Cの負け試合数に着目して，c_- に0から順に数字を入れて考えてみる．

まず，$c_-=0$ の時．$c_-=0$ なら，Cは一度も負けていないことになる．よって，BはAからすべての勝ち星をあげたことになる．これだけなら，$a_-=b_+$ だが，AはCに負けたかもしれないので，a_- は b_+ 以上の数になる．

すると㋑から，a_+ は b_+ よりも小さいから，結局 a_- は a_+ よりも大きな数になる．しかしこれは，☆に反する．つまり $c_-=0$ は無理．

次に，$c_-=1$ の時．$c_-=0$ の時と同じ様に考えて，$c_-=1$ なら，a_-+1 は B が A に勝った数よりも 1 以上大きいので，a_-+1 は b_+ 以上となる．そして，a_+ は b_+ より小さい．つまり，a_++1 は b_+ 以下なので，a_++1 は，a_-+1 以下となる．これは a_+ は a_- 以下ということなので，やはり☆より，$c_-=1$ の場合も無理．

これで C の負け試合数は 2 以上であることがわかった．

では，$c_-=2$ の時は，どうだろう．今までと同じ考えでいくと矛盾はでてこない．

まずは㋐の条件から，a_- は 3 以上，☆からは，a_+ は 4 以上．

なるべく少ない試合数のものを探したいから，$a_+=4$，$a_-=3$ としてみよう．

$a_-=3$，$c_-=2$ より，B は最大でも A に 3 勝，C に 2 勝の計 5 勝しかできないから，b_+ は 5 以下だ．ところが㋑より，b_+ は $a_+=4$ より大きいので b_+ は 5 以上．つまり $b_+=5$ となる．残る b_-，c_+ は，㋐と㋟より，

$$(b_-, c_+)=(5, 1), (6, 2)$$

の 2 組しかないことがわかる．あとは引き分けの数を調節すると，この 2 組はどちらとも実現可能で，下のようになる．

	勝	負	引き分け
A	4	3	7
B	5	5	4
C	1	2	11

	勝	負	引き分け
A	4	3	7
B	5	6	3
C	2	2	10

対戦成績（前に書いてあるチームから見て，勝ち，負け，引き分けの順）

　　A－B　4－3　　　　B－C　2－1－4　　　C－A　0－0－7
　　A－B　4－3　　　　B－C　2－2－3　　　C－A　0－0－7

　　　　　　　　　　　＊　　　　　　　＊

さて，7 試合ずつではうまくいったけど，6 試合以下でははたしてどうなのだろうか．この考え方の途中で a_+，a_-，b_+ をどう決めても，やっぱり試合数は 7 以上になってしまう．また c_- をいろいろと変えてみても，同様に 7 試合以上になる．諸君もいろいろな値で実験してみてくれ．

パズル

問題 11
箱入り娘を脱出させる

右のようなパズルがある．やり方は簡単．わくの中で11枚の駒を動かしていき，王だけをうまく出口から脱出させれば勝ち．ただし，各駒は実際の将棋の駒の動きとは無関係で，空いている場所へ自由に動かせる．しかしジャンプは反則．1つの駒を1回動かすのを1手とすると，君は最短何手で王を脱出させることができるだろうか．その方法と君の手数を教えてくれ．さらに余力のある人は2枚の桂を1枚の金にかえて挑戦してみてくれ．

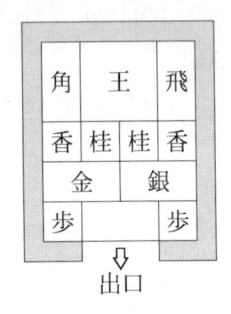

```
┌──┬──┬──┐
│角│王│飛│
├──┼──┼──┤
│香│桂│桂│香
├──┼──┼──┤
│金│  │銀│
├──┼──┼──┤
│歩│  │歩│
└──┴──┴──┘
     ↓
    出口
```

　この問題に届いたレポートはわずか7通だった．たくさんのレポートを期待してたんだけど，ちょっと残念だった．

　僕はこのパズルを友人からもらって，楽しく遊びながらパズルを解いた．しかし，よく考えてみると諸君がパズルを解くにはまずこのパズルを実際に作ってみなければならなく，ちょっと大変だったかもしれない．
　このパズルは，どこの国で産まれたのかはよく知らないけど，世界のいたる国で楽しまれているパズルなのだ．母が日本に来たときに，一緒にいろいろな所に旅行に行き，各地の神社などのみやげもの屋でこのパズルが売られているのを何度も見かけた．そして母にもこのパズルをプレゼントしてあげて，母も喜んでパズルをやって解いたのだ．今年70歳になる母が解けたのだから諸君にも楽しんでもらえると思ってこの問題を出題することにしたんだ．
　ではこのパズル，どうやって解くのか，諸君もやってみればわかるけど，しばらくの間四苦八苦してがんばってみると何とか解くことができる．実際僕も

箱入り娘を脱出させる

　色々と駒を動かして苦戦のあげ句に解くことができた．そしてもう一度やってみようと，さっきやった方法を思い出そうとすると，これがなかなか思い出せない．かすかな記憶をたよって何とかやり方を思い出すまでに，何と一日かかってしまった．無作為(むさくい)にやった方法を覚えておくのは，やはり人間にとっては難しいことだ．そこで何か目的をもって駒を動かしていくことにしよう．

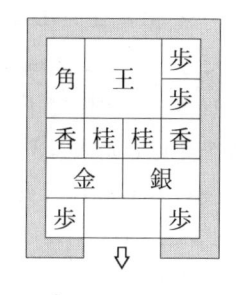

　実際にやってみてわかるのは，王をどんどん下に動かしていくと，飛角金銀の様(よう)な大きな駒がジャマになる．中でも飛（または角）がとてもジャマだ．そこで右のように飛を歩2枚にかえてやってみよう．

　初めから複雑なパズルを考えるのではなく簡単にしてやってみるのも大切だ．王を下まで動かすには横2マス分の金銀は左右どちらか一方に，共に寄(よ)っていないといけない．このことに気をつけて上のパズルに取りかかろう．ジャマな飛がいない分やりやすくなっただろう．実際にやってみると，飛を歩2枚にかえただけでかなり簡単になっている．それだけ飛はジャマになる厄介(やっかい)な駒というわけだ．

　結局，飛によって王や金銀の動きが妨(さまた)げられて難しくなっているのなら，いっそのことまず飛を他の駒の動きを妨げない状態に動かしてしまおう．一番よさそうな場所はどこかというと，ずばり角の横．つまり王と飛の位置を入れかえるように飛を角の横まで動かせばいいのだ．これで目的が決まった．まずは飛を角の横まで移動させよう．

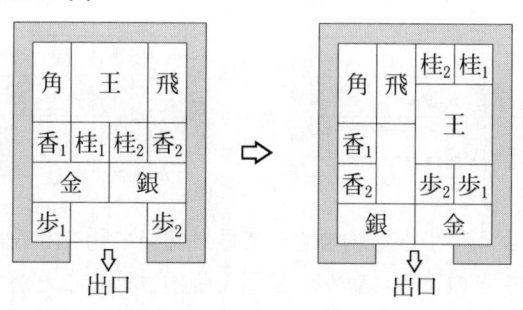

歩₁→，金↓，銀←，香₂↲，飛↓，王→，桂₁↑，桂₂↖，香₂↰，飛←，
歩₂↑，歩₁↗，金→，銀↓，香₂↲，飛←，歩₂↙，王↓，桂₁→，桂₂↱，
飛↑

これでジャマな飛はいなくなったも同然．後は王を脱出させるだけだ．以下，王を脱出させるまでの手順を紹介しよう．

香$_2$↗，銀↑，金←，歩$_2$↓，歩$_2$↓，王↓，桂$_2$↙，飛→，香$_2$↑，香$_1$↗，銀↑，金↑，歩$_2$←，歩$_1$←，王↓，銀→，金↑，歩$_1$↖，王↙

飛を角の横まで動かす手数を合わせると **40手**．

では40手より少ない手数ではできないのだろうか．実際僕も知らなかったのだけど，コンピュータによると40手が最短手数になるそうだ．

レポートの中で王の脱出に成功したのは6名．その中で何と40手の最短手数を発見した人は3名いた．

彼らの感想も紹介しよう．

▶王を脱出させるだけで1週間以上なやんだ．初め69手かかったけど3日ほど考えて54手までできたがここで時間切れ．苦戦した．

▶簡単だと思ってとりくんだのに奥が深く，はまってしまいそうな問題でした．

では，2枚の桂を金にかえた問題に移ろう．

この問題の解答も書いてくれた人は山本浩さん1人で，小学生では1人もいなく，残念だった．

実を言うと，母もこの問題は解くことができなかった．この問題はかなり難しい．ではどうやって考えたらいいのだろうか．ここでも簡単な場合から考えてみるのが上策だ．

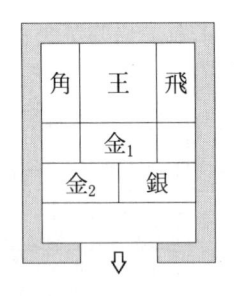

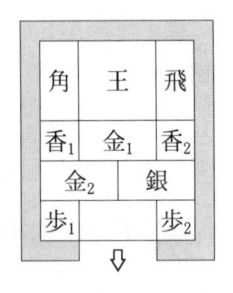

角	王	飛
	金$_1$	
金$_2$	銀	

角	王	飛
香$_1$	金$_1$	香$_2$
金$_2$	銀	
歩$_1$		歩$_2$

上の左図のように小さな駒をすべて取り除いて駒を6枚にしてみる．そして，この6枚の駒をどのように動かせば王を脱出させることができるか，戦略を立てるのだ．

ちょっとやるとわかるのは，王を下に移動させるには，金または銀3枚のうち1枚は上部へ移動させておかないといけないということ，またさっきと同じ

箱入り娘を脱出させる

ように飛と角は一緒(いっしょ)にまとめておいた方がいいということだ．この2つのことを実現させるのは難しいけど，目的を持ってがんばれば何とかなるものだ!!

下に山本さんの解答をのせておく．何と98手もかかるのだけど，実はこの98手がまたも最短の手順なのだ．

歩₁→，金₂↓，銀←，歩₁↑，歩₂↑，金₂→，銀↓，歩₁←，金₁↓，香₁→，
歩₁↱，角↓，王←，香₁↑，歩₁↲，金₁↑，歩₂←，香₂↙，飛↓，香₁→，
歩₁→，王→，角↑，歩₂↰，銀↑，金₂←，飛↓，金₁→，歩₂→，香₂↓，
銀→，角↓，王←，歩₁↰，金₁↑，飛↑，香₂→，金₂→，角↓，歩₂→，
王↓，歩₁←，香₁←，金₁↑，歩₂↱，王→，歩₁↓，香₁↙，金₁←，歩₂↰，
飛↑，香₂↑，銀→，金₂→，角→，歩₁↓，香₁↓，王←，香₂←，飛↓，
歩₂↓，金₁→，王↑，角↑，香₁↑，歩₁↑，金₂←，銀↓，飛↓，歩₂→，
香₂↑，角→，香₁↰，王↓，金₁←，香₂↑，歩₂↑，角↑，飛↑，銀↑，
金₂→，歩₁↓，香₁↓，王↓，金₁↓，香₁←，歩₂←，角↑，飛↑，銀↑，
金₂↑，香₁→，歩₁→，王↓，銀←，金₂↑，歩₁↱，王↲

パズル

問題 12

9枚のカードを 3×3 の正方形に並べる

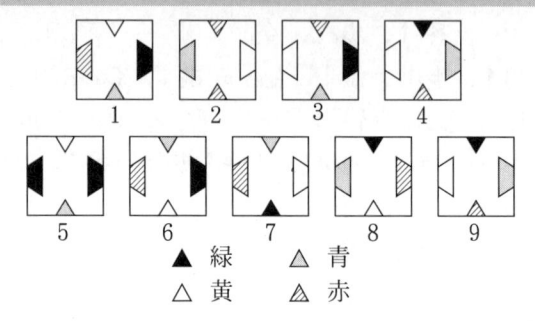

▲ 緑　△ 青
△ 黄　△ 赤

　上の9枚のカードをつなぎ目が同じ色の正三角形になるように，3×3の正方形型に並べる．その時，次の①〜③のうち可能なものはどれか．

① 1番のカードを中心に置く．
② 各色の正三角形がどれも3個ずつ．
③ 同じ色の正三角形はすべて平行な辺がある．例えば，下の線はすべて平行である．

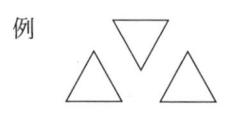

例

　この問題には，16通の応募があった．うち14人が①の並べ方を発見していたけど，②，③になると意見が分かれていた．①，②が**可能**で，③は**不可能**というのが正解だ．②の並べ方を発見した人は，16名中8名だった．がんばって①の並べ方を発見したのだから，もう少し根気よく②を調べてほしかった．中心に置くカードを色々と試してねばり強くやれば，②の並べ方も見つかるはずだ．また③は多くの人が不可能だと感じてはいたけど，なかなか説明がしにくかったみたいだ．僕も③の証明までは期待していなかったのだけど，数名の人が証明を考え

てくれていたのにはとてもうれしかった．

　話がかわるけど，この問題は南アフリカに旅行に行ったときに見つけたパズルをもとに出題したんだ．地図を見れば分かるように南アフリカはとっても遠くにある国だ．飛行機で18時間もかかる．そこで，日本に帰るまでのこの18時間を有意義にすごそうと，ヨハネスブルグ空港でこのパズルを買った．このパズルの説明書には，「このパズルはとても難しいので，解くことは大変だろう．もしできたら，あなたは天才だ．」という内容が書いてあったので，飛行機の中で退屈することはないだろうと思っていた．ところが，飛行機が離陸する前にできてしまった．退屈な時間をすごすのはいやなので，色々なことを試してみようと，問題の①〜③を考えることにしたんだ．

では，問題の解説を始めよう．

このようなパズルの問題で大切なことは，ただやみくもにやるのではなく，しっかりと1つ1つやり方を調べていくことだ．パズルの苦手な人は，一度やった方法をチェックせず，何度も繰り返して泥沼に入り込んでいく．大変なようだけど，一度失敗した方法をチェックしながら，まだ調べていないやり方を1つ1つ試していくのが，結局は早道になるのだ．

　①から順に見ていこう．

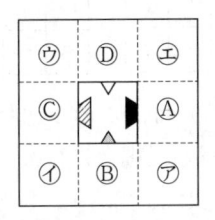

ウ	①	エ
ⓒ		Ⓐ
④	Ⓑ	⑦

1番を中心に置いて，まずⒶに置けるカードをさがすと，4，7，8，9の4つがある．しかし，よく見ると4と9は同じカードだ．だから，Ⓐは，4，7，8の3つの置き方を調べればいい．また，Ⓑに置けるカードは，2，4，8，9の4通りだ．

　このことから，Ⓐ，Ⓑに置くカードの置き方は，4と9を同じものと考えると，8通りになる（確認してみて）．この8通りを順に調べていけばいい．

　例えば，Ⓐに4，Ⓑに2を置いた場合．

　ⓒに置けるのは，2，3，4，9の4つだが，2と4は使っているので，3か9

パズル

になる．Ⓒに3を置いてみると，下の左図のようになり，㋐には8，㋑には7

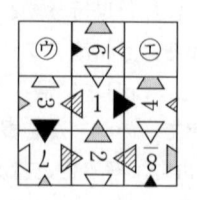

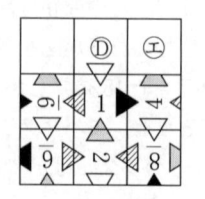

(6と9の区別，8の向きがわかるように，数字の下に線を引きました．)

と決まり，Ⓓも9しか置けない．残りは，5，6の2枚になる．ところが㋴には，5も6も置けない．よって，Ⓒに3を置いたのがいけなかったことになる．では，Ⓒに9を置いてみると，上の右図のように，㋐は8，㋑は6に決まる．残る3枚，3，5，7のうちⒹに置けるのは，3と7．しかし，どちらを置いても㋴にあてはまるカードはない．よって，Ⓒには9も置けない．Ⓒに3も9も置けないのは，Ⓐに4，Ⓑに2を置いたからだ．よって，Ⓐに4，Ⓑに2の場合は不可能．

このように残り7通りを次々と調べていく．実際に調べてみてくれ．全部で4通りの置き方がある．

福島直子さん（琉球大附小5）は，この4通りすべてを見つけてくれた．

①の結果から，中心に1を置いた場合には②のように各色の正三角形3個ずつにはならない．そこで，中心に2，3，…，9と置いた場合を調べてみる．

すると，②の条件を満たすものが見つかる．全部で6通りあるから，その置き方を紹介しておこう（実際にカードを置いてみて，確かめてね）．

最後に③を，**福島直子さん**，**柏原雅樹さん**（北海道札幌市）の2人のレポートを元にして，考えてみよう．

まずは，③が可能な状態はどういう場合かを調べてみる．つなぎ目にできる

正三角形は全部で 12 個ある．それらをお互いに平行な辺をもつもの同士に分けてみると，きれいに 2 つに分かれる．つまり，大きな正方形を分割する，2 本のたて線上の 6 つと，2 本のよこ線上の 6 つに分かれることになる．③を満たすには，同じ色の正三角形が，たて線上とよこ線上の 2 つに同時にあってはいけないのだ．

　また，たて線上（よこ線上でも）の 6 つの正三角形がすべて同じ 1 色になるのは無理だから，たて線上の 6 つの正三角形は，ちょうど 2 色に分かれる（3 色に分かれると今度は，よこ線上の 6 つが 1 色になることになりダメ）．4 色を 2 色ずつ 2 つに分けると，

　　（緑，青）と（黄，赤），（緑，黄）と（青，赤），（緑，赤）と（青，黄）の 3 通りがある．

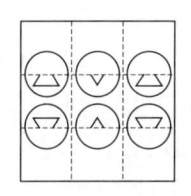

　ここでよこ線に着目すると，右図の部分はすべて 2 色のどちらかでないといけない．このようなカードが 3 枚以上ないと，③は無理になる．たて線についても同じなので，上の3 通りで，2 つの組ともに向かい合う部分の色が 2 色のどちらかであるものが 3 枚以上ないといけない．1〜9 のカードを見ると，（緑，赤）と（青，黄）だけが条件を満たす．

　また，条件を満たすカードは，1, 2, 4, 5, 6, 9 の 6 枚で，この 6 枚を図

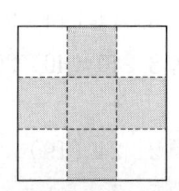

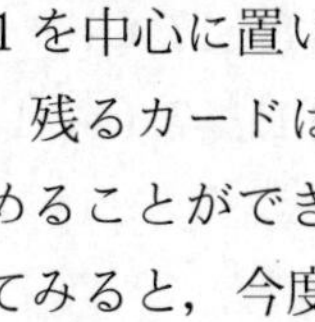

の網目部分に置くことになる．1 を中心に置いてみると，5, 6 のカードは他の 4 ヶ所のどこにも置けなくなり，残るカードは 2, 4, 9 の 3 枚になってしまい，4 ヶ所すべてをうめることができなくなる．5, 6 を中心に置いた場合も同様だ．2 を中心に置いてみると，今度は，4, 9 のカードがやはり使えなくなってしまい，これもダメ．4, 9 が中心でも同様．

　つまり，どうやっても③を満たすようにはできないことになる．③は不可能なのだ．

各問題の難易度の目安になるように，各問題の応募者数と正解者数をあげておきます（かっこ内が正解者数で，／の後ろは複数の問題（正解）がある場合での全問の正解者数です）．

Ⅰ．整数
　問題1. 34（29）　　　問題2. 62（62／7）　　問題3. 24（23）
　問題4. 34（24）　　　問題5. 22（22／5）　　問題6. 43（42／31）
　問題7. 44（41／18）　問題8. 29（29）　　　問題9. 24（21／15）
　問題10. 15（6）　　　問題11. 2（1／1）

Ⅱ．規則性
　問題1. 11（11）　　　問題2. 16（9／2）　　問題3. 10（5）

Ⅲ．場合の数・確からしさ
　問題1. 21（16／12）　問題2. 28（15）　　　問題3. 19（4）
　問題4. 31（22／10）　問題5. 29（18／3）　問題6. 21（12）
　問題7. 16（14）

Ⅳ．図形
　問題1. 62（61）　　　問題2. 41（31／9）　問題3. 78（70／55）
　問題4. 40（35）　　　問題5. 25（17）　　　問題6. 38（38／28）

Ⅴ．図形の分割
　問題1. 50（50）　　　問題2. 30（27）　　　問題3. 33（23／1）
　問題4. 60（31）　　　問題5. 14（14／3）　問題6. 19（18）
　問題7. 57（47／30）　問題8. 40（40／29）　問題9. 24（24／1）

Ⅵ．パズル
　問題1. 41（32）　　　問題2. 24（19）　　　問題3. 16（10）
　問題4. 39（25／2）　問題5. 7（5）　　　　問題6. 43（22／7）
　問題7. 33（25）　　　問題8. 17（1）　　　問題9. 31（15）
　問題10. 14（10）　　問題11. 7（6／1）　　問題12. 16（14／8）

あとがき

　本を読んでくれてありがとう．問題はどの程度解けただろうか，是非お知らせ下さい．

　算数・数学が嫌いな人に「なぜ嫌いなの？」と聞いてみると「答えが一つしかないから面白くない」と大勢の人は返事してくれる．

　確かに，例えば正解が99だったら93と答えても，100にしても不正解になる．でもこの点は小中学校の国語や英語と同じだ．ねこを漢字でどう書くか，英語で何と言うかと質問されたら猫やCAT以外は正解がない．しかもその漢字や単語を忘れたら思い起こす方法もほとんどない．そして間違って思い出して，例えば狐や狸が正解だと思っても，先生に聞いたり辞典で調べたりする以外は確認の術がない．

　算数は違う．正解を確認する，独りでできる方法がいくらでもある．そして，すごく嬉しい事に正解に至る道筋も何通りもある．この本を読んだ人はこの事実に十分気づいたと思う．

　実は最先端の数学でもすでに証明済みの結果（数学用語で定理）に，もっと短い，もっと美しい，新しい証明を与えてそれを論文で発表することがよくある．

　だから読者の皆さんにお願いがある．本書に紹介した問題の本に載っている解説と異なる，新しい解き方に気づいたら僕にも必ずお知らせ下さい．皆さんのお便りを心待ちにしているよ！

　そしてもう一つ．1992年から毎年，算数好きな子供達の祭典「算数オリンピック」が開催されている．最近は小学校4・5年生が対象の「ジュニア算数オリンピック」も開かれている．

　この本を通して鍛えられた算数能力を試すために，是非参加してみて下さい．予選大会は全国各地方で一斉に行われ，200人ほどの学生が東京で8月に行われる決勝に進む．そこまで来れば，算数能力が抜群であることの証拠だ．そこにピーターも登場して，問題の解説や大道芸をやるのだ．その会場で多くの人に会うのが，これから楽しみだ！

　最後になったが，この本の制作に当たって尽力してくれた，『中学への算数』編集部の中井淳三さんを始め，東京出版の皆さん，そして誰よりも連載の頃から寄せられた解答を解読し，最終的な原稿をまとめ続けた大村一将さんに心から感謝したい．

　　　　　　　　　　　　　　　　　　　　　　　　　　　　　　　　　著者記す

著者プロフィール
1953年ハンガリー生まれ，数学者．
国際数学オリンピック金メダリスト．
ハンガリー学士院メンバー．
1988年より日本在住．
全国各地での講演活動で，ひとりでも多くの数学ファンの獲得に尽力している．
11ヶ国語を話し，世界60ヶ国以上を訪れている．
時間が許せば，全国の路上でジャグリングも続けている．

ピーター・フランクルの算数教室　Ⓒ

2000年12月16日　第1刷発行
2012年 5月25日　第5刷発行
著　者　ピーター・フランクル
発行者　黒木美左雄
整版所　錦美堂整版
印刷所　光陽メディア

発行所　東京出版
　　　　〒150-0012 東京都渋谷区広尾 3-12-7
　　　　電　話　(03) 3407-3387
　　　　振　替　00160-7-5286

※本書の内容の一部あるいは全部を無断で複写・複製することは，法律で認められた場合を除き，著作権者ならびに出版社の権利の侵害になります．

ISBN 978-4-88742-039-7